Carl-Günther Plutte/Monika Schackmar

Regeln – Formeln – Beispiele
Kaufmännisches Rechnen

Cornelsen

2.1 Inhalt

Inhalt 2.2

3.1 Maße und Gewichte

Längenmaße

1 m =	10 dm =	100 cm =	1000 mm
	1 dm =	10 cm =	100 mm
		1 cm =	10 mm

1 mm = 0,001 m
1 cm = 0,01 m
1 dm = 0,1 m

1 Mm (Megameter)	= 1.000.000 m	$= 10^6$ m
1 Gm (Gigameter)	= 1.000.000.000	$= 10^9$ m
1 Tm (Terameter)	= 1.000.000.000.000	$= 10^{12}$ m

1 µm (Mikrometer)	= 0,000 001 m	$= 10^{-6}$ m
1 nm (Nanometer)	= 0,000 000 001 m	$= 10^{-9}$ m
1 pm (Pikometer)	= 0,000 000 000 001 m	$= 10^{-12}$ m

Mega: das 10^6-fache (1 Million) der betreffenden Einheit
Giga: das 10^9-fache der betreffenden Einheit
Tera: 10^{12}-fache der betreffenden Einheit

Mikro: das 10^{-6}-fache der betreffenden Einheit, das ist der 10^6-te Teil
Nano: das 10^{-9}-fache der betreffenden Einheit, das ist der 10^9-te Teil
Piko: das 10^{-12}-fache der betreffenden Einheit, das ist der 10^{12}-te Teil

Flächenmaße

$$1 \text{ m}^2 = 100 \text{ dm}^2 = 10.000 \text{ cm}^2 = 1.000.000 \text{ mm}^2$$
$$1 \text{ dm}^2 = 100 \text{ cm}^2 = 10.000 \text{ mm}^2$$
$$1 \text{ cm}^2 = 100 \text{ mm}^2$$

1 qkm = 100 ha
1 ha = 100 a
1 a = 100 m²

gleichwertige Schreibweise: 1 m² = 1 qm, 1 cm² = 1 qcm usw.

Körpermaße

$$1 \text{ m}^3 = 1.000 \text{ dm}^3 = 1.000.000 \text{ cm}^3$$
$$1 \text{ dm}^3 = 1.000 \text{ cm}^3 = 1.000.000 \text{ mm}^3$$
$$1 \text{ cm}^3 = 1.000 \text{ mm}^3$$

gleichwertige Schreibweise: 1 m³ = 1 cbm, 1 cm³ = 1 ccm usw.

4.1 Maße und Gewichte

Hohlmaße

1 hl	= 100 l
1 l	= 1 dm³
1 ml	= 0,001 l
1 m³	= 1.000 l

Gewichte

1 t	= 1.000 kg
1 kg	= 1.000 g
1 mg	= 0,001 g
50 kg	= 1 Zentner
1 Pfd. (dt. Pfund)	= 500 g

Hinweis zur Bezeichnung Gewicht:
In der Physik dient die Basiseinheit Kilogramm mit ihren Teilen (Gramm usw.) und Vielfachen (Tonne usw.) zur Angabe der physikalischen Größe „Masse". In Handel und Geschäftsleben wird die Bezeichnung „Gewicht" in Sinne eines Wägeergebnisses als Mengenangabe verwendet und ebenfalls in Kilogramm angegeben.

Speicher-kapazitäten

1 Bit (kleinste Informationseinheit, die nur zwischen zwei Werten entscheidet, Kurzform für Binärzeichen)

1 Byte = 8 Bit

1 KB (= K Byte)	= 1.024 Byte	
1 MB (= Mega Byte)	= 1.024 · 1.024 Byte	= 1.024² Byte
1 GB (= Giga Byte)	= 1.024³ Byte	= 2³⁰ Byte
1 TB (= Tera Byte)	= 1.024⁴ Byte	

1 Nibble = 4 Bit
1 Word = 16 Bit

5.1 Einfacher Dreisatz: Grundstruktur

Problem: Von drei gegebenen Größen einer Proportion soll auf eine unbekannte vierte Größe geschlossen werden.

Lösungsansatz: Bedingungs- und Fragesatz werden untereinander so aufgestellt, dass die Größen mit gleichartigen Einheiten untereinanderstehen, und die gesuchte Größe das Ende des Fragesatzes bildet. Im 3. Schritt wird der Lösungssatz aufgestellt, in dem durch Berechnung einer Einheit die unbekannte Größe ermittelt wird.

Grundstruktur:

1. Bedingungssatz   ↑   Was ist gegeben?
2. Fragesatz   ↑   Was wird gesucht?
3. Lösungssatz   ↑   Wie lautet die Lösung?

1. Bedingungssatz: 125 Stück kosten 2,50 €.
2. Fragesatz: 75 Stück kosten   x   €.

Ermittlung der unbekannten Größe x

3. Lösungssatz: 75 Stück kosten $x = 75 \cdot \dfrac{2,5}{125} = \mathbf{1,70 \ €}$

Berechnung einer Einheit, hier „wie viel DM kostet 1 Stück?":

Der Bruch $\frac{2.5}{125}$ gibt die Berechnung einer Einheit an: $x = \frac{2.5}{125} = 0,02$ €

Lösung über eine Relation beim einfachen Dreisatz

$\frac{125}{75} = \frac{2.5}{x}$ Die Gleichung wird nach x umgeformt: $x = \frac{75 \cdot 2.5}{125} = 1,70$ (€)

Gerades Verhältnis

Ausgangspunkt: Durch Veränderung einer Größe verändert sich die andere Größe im gleichen Verhältnis:

Je *größer* die Stückzahl, desto *höher* der Preis.
Je *kleiner* die Stückzahl, desto *geringer* der Preis.

Aufgabenstellung: Für eine Tankfüllung von 60 Litern bezahlt ein Autofahrer 72,00 €. Wie viel kosten 28 Liter?

6.1 Gerades Verhältnis

Berechnung:

1. Bedingungssatz: 60 Liter kosten 72,00 €.
2. Fragesatz: 28 Liter kosten x €.

3. Lösungssatz: $x = 28 \cdot \dfrac{72}{60} = 33,60 \; (€)$.

Folgendes Grundschema gilt:

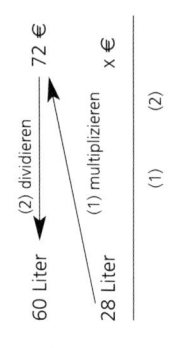

$$x = (28 \cdot 72) \; : \; 60$$

Berechnung einer Einheit, hier „wie viel € kostet 1 Liter?"

$x = \frac{72}{60} = 1,20$ (€)

Lösung über eine Relation beim einfachen Dreisatz mit geradem Verhältnis

$\frac{60}{28} = \frac{72}{x}$ Die Gleichung wird nach x umgeformt: $x = 28 \cdot \frac{72}{60} = 33,60$ (€)

Ungerades Verhältnis

Ausgangspunkt: Durch Veränderung einer Größe verändert sich die andere Größe in entgegengesetztem Sinne, d.h. vergrößert sich die erste Größe, dann verringert sich die zweite Größe und umgekehrt.

Je *mehr* Arbeiter, desto *kürzer* die Gesamtarbeitszeit.

Je *weniger* Arbeiter, desto *länger* die Gesamtarbeitszeit.

Und zwar: Dem doppelten (n-fachen) der einen Größe entspricht die Hälfte (ein n-tel) der anderen Größe.

7.1 Einfacher Dreisatz

Aufgabenstellung: In einem Betrieb mit computerintegrierter Fertigung müssen betriebliche Grunddaten in die zentrale Datenbank eingegeben werden. Wenn für die Erfassung der Kundendatei 2 Mitarbeiterinnen 39 Stunden benötigen, in welcher Zeit wäre der Auftrag mit noch 1 zusätzlichen Arbeitskraft erledigt?

Berechnung:

1. Bedingungssatz: 2 Arbeitskräfte benötigen 39 Stunden.
2. Fragesatz: 3 Arbeitskräfte benötigen x Stunden.

3. Lösungssatz: $x = \dfrac{2 \cdot 39}{3} = \mathbf{26 \text{ (Stunden)}}$

Nebenstehendes Grundschema gilt:

2 Arbeitskräfte ——————→ 39 Std.

(1) multiplizieren
(2) dividieren

3 Arbeitskräfte ——————→ x Std.

$x = (2 \cdot 39) : 3$

Berechnung einer Einheit, hier „wie viel Stunden braucht eine Arbeitskraft?":

$x = 2 \cdot 39 = 78$ (Stunden)

Lösung über eine Relation beim Dreisatz mit ungeradem Verhältnis

$2 \cdot 39 = 3 \cdot x$ Die Gleichung wird nach x umgeformt: $x = \dfrac{2 \cdot 39}{3} = 26$ (Stunden)

Zusammenfassung: Arbeitsschritte beim einfachen Dreisatz

1. Bedingungs- und Fragesatz aufstellen; die gesuchte Einheit steht immer rechts.
2. Überlegung: Dreisatz mit geradem oder ungeradem Verhältnis?
3. Gleiche Einheiten müssen untereinander stehen.
4. Ermittlung der Lösung mit Hilfe des Grundschemas – (1) multiplizieren, (2) dividieren – oder der Gleichung, die nach X umgeformt wird.

8.1 Zusammengesetzter Dreisatz

Problem: **Zusammengesetzter Dreisatz** – mit mindestens fünf gegebenen Größen wird die unbekannte Größe ermittelt.

Lösungsansatz: Da der zusammengesetzte Dreisatz aus mehreren einfachen Dreisätzen mit geradem und/oder ungeradem Verhältnis besteht, wird er in mehrere einfache Dreisätze zerlegt.

Grundstruktur:

1. Bedingungssatz: 5 Arbeitskräfte schreiben 320 Aufträge in 4 Stunden
2. Fragesatz: 2 Arbeitskräfte schreiben 224 Aufträge in x Stunden

3. a) *Dreisatz mit ungeradem Verhältnis*

5 Arbeitskräfte schreiben (320 Aufträge) in 4 Stunden
2 Arbeitskräfte schreiben (320 Aufträge) in x Stunden

$$\frac{5 \text{ Arbeitskräfte} \qquad \overset{(1) \text{ multiplizieren}}{\nearrow} \quad 4 \text{ Std.}}{2 \text{ Arbeitskräfte} \qquad \underset{(2) \text{ dividieren}}{\searrow} \quad x \text{ Std.}}$$

$$x = (5 \cdot 4) \quad : \quad 2 = 10 \text{ Stunden}$$

$$\quad \overset{(1)}{} \quad \overset{(2)}{}$$

Hiermit ist ermittelt, wie lange 2 Arbeitskräfte brauchen, um 320 Aufträge zu schreiben. Im nächsten Schritt wird nun ermittelt, wie lange 2 Arbeitskräfte brauchen, um 224 Aufträge zu schreiben.

3. b) Dreisatz mit geradem Verhältnis:

Für 320 Aufträge benötigt man | 10 Stunden |
Für 224 Aufträge benötigt man | x Stunden |

320 Aufträge ——————→ 10 Stunden

(2) dividieren

224 Aufträge ——————→ x Stunden

(1) multiplizieren

$$x = (\overset{(1)}{224} \cdot 10) \quad : \quad \overset{(2)}{320} = \textbf{7 Stunden}$$

9.1 Zusammengesetzter Dreisatz

Zusammenfassung: Arbeitsschritte beim zusammengesetzten Dreisatz

1. Zusammengesetzter Dreisatz in einfache Dreisätze zerlegen.
2. Jeweils Bedingungssatz und Fragesatz aufstellen.
3. Überlegung: Dreisatz mit geradem oder ungeradem Verhältnis?
4. Gleiche Einheiten müssen untereinander stehen.
5. Jeder Dreisatz wird für sich gelöst.
6. Ermittlung der Lösung mit Hilfe des Grundschemas – (1) multiplizieren, (2) dividieren – oder der Gleichung, die nach x umgeformt wird.

Eine Währung ist die gesetzliche Geldordnung eines Staates. Das Austauschverhältnis gegenüber ausländischen Währungen wird Außenwert = Währungsparität genannt. Sie wird ausgedrückt durch Devisen- oder Wechselkurse.

Ausländische Zahlungsmittel werden unterschieden in

- Sorten = ausländische Banknoten und Münzen und in
- Devisen = Schecks, Wechsel, Überweisungen.

Sie können bei Banken gekauft und an Banken verkauft werden.

Als Kurs wird oft angegeben, wie viele Einheiten der Auslandwährung man für 1 Euro erhält.

Es ist aber auch noch (wie früher bei der Umrechnung in DM) üblich, den Euro-Preis für 100 Einheiten der Auslandswährung anzugeben.
In diesem Fall gilt

Kurs = x Euro für 100 Einheiten der Auslandswährung

Die Kurshöhe für den Ankauf und Verkauf ausländischer Währung ist unterschiedlich. Man unterscheidet:

Geldkurs = Einkaufskurs der Bank (Bank kauft)
Briefkurs = Verkaufskurs der Bank (Bank verkauft)

10.1 Währungsrechnen

Verkauft der Kunde ausländisches Geld an die Bank, dann kauft es die Bank zum Einkaufskurs = Geldkurs ein. Kauft der Kunde ausländisches Geld von der Bank, dann verkauft es die Bank zum Verkaufskurs = Briefkurs an den Kunden. Die Höhe des Einkaufskurses der Bank ist meist niedriger als die des Verkaufskurses, d.h. sie kauft preisgünstiger ein, als sie verkauft. Die Differenz ist die Handelsspanne der Bank.

Rechen-verfahren	Beim Währungsrechnen liegt immer ein einfacher Dreisatz mit geradem Verhältnis vor.
Aufgaben-stellung:	Für einen Schweizurlaub tauscht der Tourist in Deutschland 500,00 € zu einem Kurs von 64,10 in Schweizer Franken (CHF) um. Wieviel CHF wird er erhalten?

Grundstruktur (Dreisatz)

1. Bedingungssatz: 64,10 € = 100,00 CHF
2. Fragesatz: 500,00 € = x CHF

3. Lösungssatz: $x = 500 \cdot \dfrac{100}{64,10} = 780,03$ (CHF)

Formeln

Umrechnung von € in Auslandswährung

Kurs für	100 Einheiten	1000 Einheiten	1 Einheit
Lösungssatz:	$x = \text{€} \cdot \dfrac{100}{\text{Kurs}}$	$x = \text{€} \cdot \dfrac{1000}{\text{Kurs}}$	$x = \text{€} \cdot \dfrac{1}{\text{Kurs}}$

Umrechnung von Auslandswährung in €

Kurs für	100 Einheiten	1000 Einheiten	1 Einheit
Lösungssatz:	$x = \dfrac{AG \cdot \text{Kurs}}{100}$	$x = \dfrac{AG \cdot \text{Kurs}}{1000}$	$x = \dfrac{AG \cdot \text{Kurs}}{1} = \text{€-Betrag}$

(AG = ausländischer Geldbetrag)

11.1 Währungsrechnen

Zusammenfassung: Arbeitsschritte beim Währungsrechnen

1. Aktuellen Wechselkurs des entsprechenden Landes ermitteln (Kurstabelle).
2. Entsprechende Einheiten der Auslandswährung beachten.
3. Umrechnung von DM in Auslandswährung: mit Hilfe
   a) des Dreisatzes (immer einfacher Dreisatz mit geradem Verhältnis)
   oder
   b) der Formel: $x = € \cdot \dfrac{\text{Einheit}}{\text{Kurs}} = \text{ausländischer Geldbetrag}$

   bzw.

   Umrechnung von Auslandswährung in DM mit Hilfe
   a) des Dreisatzes (immer einfacher Dreisatz mit geradem Verhältnis)
   oder
   b) der Formel: $x = \dfrac{\text{Ausl. Geldbetrag} \cdot \text{Kurs}}{\text{Einheit}} = €\text{-Betrag}$

Problem:

Ein zusammengesetzter Dreisatz besteht aus mehreren Dreisätzen mit geradem Verhältnis. Diese können dann in einer Aufgabe, in einem Kettensatz, gelöst werden.

■ *Voraussetzung zur Anwendung des Kettensatzes: es darf sich nur um Dreisatzaufgaben mit geradem Verhältnis handeln.*

Lösungsansatz:

Fragesatz und Bedingungssätze werden in Form von Gleichungen, die eine sog. Kette bilden, aufgestellt. Die Kette beginnt mit dem Fragesatz, in dem die gesuchte Größe am Anfang steht. In jeder folgenden Gleichung steht zuerst das Kettenglied mit der Einheit, mit der die vorhergehende Gleichung schloss. Die Kette schließt mit der Gleichung, die die Einheit enthält, wonach gefragt ist. Die Kette stellt einen Bruch dar, bei dem die Zahlen der rechten Seite den Zähler und die der linken Seite den Nenner bilden.

Aufgabenstellung:

Ein Großhändler importiert 75 kg Schokoladentafeln aus der Schweiz. Der Preis beträgt 794,88 CHF. Wie viel € kosten für ihn 54 kg der Sendung (Kurs 100,00 CHF = 64,10 €)?

12.1 Kettensatz

Berechnung:

1. Frage: Wie viel € kosten 54 kg,
2. Bedingung: wenn 75 kg 794,88 CHF kosten,
3. Bedingung: wenn 100 CHF 64,10 € entspricht?

$$x\ € \qquad\qquad = 54\ kg$$
$$75\ kg \qquad = 794,88\ CHF$$
$$100\ CHF = 64,10\ €$$

Zähler

Nenner

$$x = \frac{54 \cdot 794,88 \cdot 64,10}{75 \cdot 100} = 366,85\ (€)$$

Zusammenfassung: Arbeitsschritte beim Kettensatz:

1. Mit dem Fragesatz beginnen und die Bedingungssätze aufstellen.
2. Die Kette beginnt mit der Frage - die gesuchte Einheit steht am Anfang.
3. Das folgende Glied der Kette beginnt mit der Einheit, mit der die vorhergehende Zeile geendet hat
4. Die Kette ist vollständig, wenn sie alle Größen der Aufgabe enthält.
5. Am Kettenende muss die gleiche Einheit stehen wie am Kettenanfang.
6. Aufstellen des Bruches: a) die rechte Seite der Kette bildet den Zähler
   b) die linke Seite der Kette bildet den Nenner

Problem:

Beim einfachen Durchschnitt (einfaches arithmetisches Mittel) soll aus mehreren Einzelwerten der Wert gebildet werden, der sich ergibt, wenn die Gesamtmenge auf die Merkmale gleichmäßig verteilt wird.

Lösung:

Die Einzelwerte werden addiert und durch die Anzahl der Merkmale geteilt.

Aufgabenstellung:

Ein Kaufmann erstellt eine Bonbonmischung aus vier Sorten, die folgende Preise haben: Sorte A kostet 9,00 €, Sorte B 9,50 €, Sorte C 10,10 € und Sorte D kostet 11,80 €, jeweils pro 1 kg. Wie viel € kostet 1 kg der Mischung?

Lösung:

Die vier Preise werden addiert und durch 4 dividiert:
(9,00 + 9,50 + 10,10 + 11,80) /4 = 40,40/4 = **10,10 (€/kg)**

Formel:

$$\text{Einfacher Durchschnitt (einfaches arithmetisches Mittel)} = \frac{\text{Summe der einzelnen Merkmale}}{\text{Anzahl der Merkmale}}$$

13.1 Gewogener Durchschnitt

Problem: Verglichen mit dem einfachen arithmetischen Mittel stehen beim gewogenen Durchschnitt (gewichtetes arithmetisches Mittel) die beteiligten Merkmale in unterschiedlicher Häufigkeit oder Menge zur Verfügung.

Lösung: Die Merkmale werden mit ihrer Häufigkeit gewichtet bzw. multipliziert, anschließend wird die Summe der gewichteten Merkmale durch die Summe der Gewichte geteilt.

Aufgabenstellung: Ein Kaufmann erstellt eine Bonbonmischung aus vier Sorten:

1 kg der Sorte A, es kostet 9,00 €
1,5 kg der Sorte B, davon kostet 1kg 13,50 €
2 kg der Sorte C, dvon kostet 1 kg 18,00 €
1,3 kg der Sorte D, davon kostet 1 kg 15,80 €

Wie viel € kostet 1 kg der Mischung?

Gewogener Durchschnitt 13.2

Lösung:

	Gewichtung (hier Menge)	Merkmal (hier Preis)	Gewicht · Merkmal
Sorte A	1 kg	9,00 €	9,00 € [1]
Sorte B	1,5 kg	13,50 €	20,25 € [1]
Scrte C	2 kg	18,00 €	36,00 € [1]
Sorte D	1,3 kg	15,80 €	20,54 € [1]
	5,8kg [2]		85,79 € [3]

$$\frac{85,79 \text{ €}}{5,8 \text{ kg}} = \textbf{14,79 €/kg} \text{ [4]}$$

Zusammenfassung: Arbeitsschritte beim gewogenen Durchschnitt

[1] Gewichte und Merkmale multiplizieren.

[2] Gewichte addieren.

[3] Bilden der Summe der Produkte aus Gewicht und Merkmal.

[4] Division von 3. durch 2.:

$$\text{gewogener Durchschnitt} = \frac{\text{Summe der gewichteten Merkmale}}{\text{Summe der Gewichte}}$$

14.1 Prozentrechnung

Problem: Mittels Prozentrechnung sollen mehrere Zahlen (unterschiedlicher Größen) zueinander vergleichbar gemacht werden.

Lösungsansatz: Die zu vergleichenden Zahlen werden ins Verhältnis zu der Zahl 100 gesetzt, die als relative Vergleichsgröße dient.

Grundstruktur: Ausgehend vom Grundwertes, der in Form des reinen Grundwertes in Bezug zur Zahl 100 gesetzt wird, werden als Vergleichsgrößen Prozentsatz und Prozentwert berechnet.

Vom Hundert: Bei der Rechnung „vom Hundert" tritt der Grundwert als reiner Grundwert in Erscheinung., d.h.: Der reine Grundwert ist Ausgangsgröße oder wird berechnet.

Auf/im Hundert: Bei der Rechnung „auf Hundert" tritt der Grundwert um den Prozentwert vermehrt, bei „im Hundert" vermindert in Erscheinung (als Ausgangsgröße oder zur Berechnung).

Reiner Grundwert (vom Hundert) 14.2

Prozentrechnung mit dem reinen Grundwert (vom Hundert)

Problem:
Berechnung des Prozentwertes
Gegeben sind der Prozentsatz und der Grundwert, gesucht ist der Prozentwert.

Aufgaben-stellung:
Auf einen Rechnungsbetrag über 1.500,00 € werden 15 % Mehrwertsteuer erhoben: gesucht ist dieser Betrag in €.

Grundwert (GW): Rechnungsbetrag (1.500,00 €),
Prozentsatz (PS): Mehrwertsteuersatz (15 %),
Prozentwert (PW): Mehrwertsteuerbetrag in € (x, gesucht).

Berechnung per Dreisatz:

100 % – 1.500,00 €
15 % – x €

$$x = \frac{15 \cdot 1.500}{100} = 225,00 \text{ €}$$

Berechnung per Formel:

$$PW = \frac{PS \cdot GW}{100}$$

$$PW = \frac{15 \cdot 1.500}{100} = 225,00 \text{ €}$$

15.1 Prozentrechnung

Problem: **Berechnung des Prozentsatzes**
Gegeben: Grundwert , Prozentwert. Gesucht: Prozentsatz

Aufgaben-stellung:
Von den 600 l Wein, die zu Beginn des Jahres eingelagert wurden, sind Ende des Jahres 15 l verdunstet. Wie viel % der Ausgangsmenge sind dies?
Grundwert (GW): Weinmenge zu Beginn des Jahres = 600 l
Prozentwert (PW): Verdunstungsverlust = 15 l
Prozentsatz (PS): Verdunstungsverlust in % (x, gesucht)

Berechnung per Dreisatz:

600 l – 100 %
15 l – x %

$$x = \frac{15 \cdot 100}{600} = 2,5 \%$$

Berechnung per Formel:

$$PS = \frac{PW \cdot 100}{GW}$$

$$PS = \frac{15 \cdot 100}{600} = 2,5 \%$$

Problem:

Berechnung des Grundwertes
Prozentwert und Prozentsatz sind bekannt, der Grundwert wird gesucht.

Aufgabenstellung:

Ein Kunde zieht vom Rechnungsbetrag vereinbarungsgemäß 2 % Skonto ab, das sind 38,70 €. Wie hoch war der Rechnungsbetrag?

Prozentwert (PW): Skontobetrag in € = 38,70 €
Prozentsatz (PS): Skonto in % = 2 %
Grundwert (GW): Rechnungsbetrag in € (x, gesucht)

Berechnung per Dreisatz:

2 % – 38,70 €
100 % – x €

$$x = \frac{100 \cdot 38,70}{2} = \textbf{1.935,00 €}$$

Berechnung per Formel:

$$GW = \frac{100 \cdot PW}{PS}$$

$$GW = \frac{100 \cdot 38,70}{2} = \textbf{1.935,00 €}$$

16.1 Prozentrechnung

Prozentrechnung mit dem vermehrten Grundwert (auf Hundert)

Problem:
Es ist ein Prozentwert zu berechnen, für den ein Grundwert zu Grunde liegt, der in der Zwischenzeit (um eben den Prozentwert) erhöht wurde.

Aufgaben-stellung:
Nach einer Preiserhöhung von 3,5 % sind für eine Druckerei-maschine jetzt 36.225,00 € zu bezahlen. Wie viel hatte die Maschine vor der Preiserhöhung gekostet?

Zeitachse:

$\uparrow$ t

| alter Preis (= x) | Preiserhöhung (3,5 %) | neuer Preis (36.225,00 €) |

Vermehrter Grundwert [GW (vermehrt)]:   neuer Preis = 36.225,00 €
Prozentsatz der Grundwerterhöhung: Preiserhöhung = 3,5 %
reiner Grundwert: alter Preis (x, gesucht)

Der neue Preis entspricht unter Berücksichtigung der Preiserhöhung dann 103,5 % (= 100 % + 3,5 %) des alten Preises:

Berechnung per Dreisatz:

103,5 % – 36.225,00 €
100 % – x €

$$x = \frac{100 \cdot 36.225}{103,5} = 35.000,00 \text{ (€)}$$

Berechnung per Formel:

$$GW = \frac{100 \cdot GW \text{ (vermehrt)}}{100 + PS}$$

$$GW = \frac{100 \cdot 36.225}{103,5} = 35.000,00 \text{ (€)}$$

Prozentrechnung mit dem verminderten Wert (im Hundert)

Problem: Es ist ein Prozentwert zu berechnen, für den ein Grundwert zu Grunde liegt, der in der Zwischenzeit (um eben den Prozentwert) vermindert wurde.

Aufgabenstellung: Für einen Sonderverkauf wurde der Preis einer Hose um 25 % auf jetzt 120,00 € gesenkt. Wie viel kostete die Hose vor dem Sonderverkauf?

17.1 Verminderter Grundwert

Zeitachse:

alter Preis   Preissenkung   neuer Preis
(= x)   (25 %)   (120,00 €)

→ t

Der neue Preis entspricht dann unter Berücksichtigung der Preissenkung 75 %
(= 100 % −25 %) des alten Preises.

Verminderter Grundwert [GW (vermindert)]neuer Preis = 120,00 €
Prozentsatz der Grundwertsenkung: Preissenkung = 25 %
Reiner Grundwert: alter Preis (x, gesucht)

Berechnung per Dreisatz:

75 % −120,00 €
100 % − x €

$$x = \frac{100 \cdot 120}{75} = \textbf{160,00 €}$$

Berechnung per Formel:

$$GW = \frac{100 \cdot GW \text{ (vermindert)}}{100 - PS}$$

$$GW = \frac{100 \cdot 120}{75} = \textbf{160,00 €}$$

Prozentformeln 17.2

Formeln zum Prozentrechnen:

GW = Grundwert; PS = Prozentsatz; PW = Prozentwert; GW (vermindert) = verminderter Grundwert; GW (vermehrt) = vermehrter Grundwert

Berechnung des Prozentwertes:

$$PW = \frac{PS \cdot GW}{100}$$

Berechnung des Prozentsatzes:

$$PS = \frac{PW \cdot 100}{GW}$$

Berechnung des Grundwertes:

$$GW = \frac{PW \cdot 100}{PS}$$

Berechnung des Grundwertes ausgehend vom vermehrten Grundwert:

$$GW = \frac{GW \text{ (vermehrt)} \cdot 100}{100 + PS}$$

Berechnung des Grundwertes ausgehend vom verminderten Grundwert:

$$GW = \frac{GW \text{ (vermindert)} \cdot 100}{100 - PS}$$

18.1 Abschreibungen

Abschreibungen verfolgen den Zweck, Wertminderungen des Betriebsvermögens zu erfassen, um den richtigen Wert des Vermögens am Geschäftsjahresende in der Bilanz ausweisen zu können. Bei abnutzbaren Wirtschaftsgütern ist ihre Nutzungsbzw. Lebensdauer beschränkt, sodass sich ihr Wert mindert. Wertminderungen können durch Nutzung (z.B Verschleiß), technischen Fortschritt und außergewöhnliche Ereignisse (z.B. Beschädigung) eintreten. Wertminderungen der Anlagegüter werden durch die jährlichen Abschreibungen erfasst. Hierbei werden die Anschaffungskosten eines Anlagegutes auf seine Nutzungsdauer verteilt (Anschaffungskosten eines Anlagegutes => Einkaufspreis + Einkaufskosten + Bezugskosten + Montagekosten + Kosten der Inbetriebnahme).

Abschreibungsmethoden

lineare Abschreibung　　　　　　*degressive Abschreibung*

von den Anschaffungs- oder　　　　vom Buch- oder Restwert
Herstellungskosten

(gleichbleibende Abschreibungsbeträge)　(fallende Abschreibungsbeträge)

Abschreibungen 18.2

Aufgabenstellung: Die Anschaffungskosten einer neuen Datenverarbeitungsanlage betragen 80.000,00 €. Die Nutzungsdauer wird auf 10 Jahre geschätzt. Die Anlage soll linear mit 10% und degressiv mit 30% abgeschrieben werden. Hierbei ergibt sich folgende Berechnung:

Lineare AfA[1]	Ermittlung des Buchwertes	Degressive AfA
80.000,00 €	Anschaffungswert	80.000,00 €
8.000,00 €	– AfA am Ende des 1. Jahres	24.000,00 €
72.000,00 €	= Buchwert am Ende des 1. Jahres	56.000,00 €
8.000,00 €	– Afa am Ende des 2. Jahres	16.800,00 €
54.000,00 €	= Buchwert am Ende des 2. Jahres	39.200,00 €
8.000,00 €	– AfA am Ende des 3. Jahres	11.760,00 €
56.000,00 €	= Buchwert am Ende des 3. Jahres	27.440,00 €
10% AfA von den Anschaffungskosten		30% AfA vom Buchwert

1) AfA = „Absetzung für Abnutzung" (im Steuerrecht, anstatt „Abschreibung")

19.1 Abschreibungsarten

Gegenüberstellung der Abschreibungsarten

Lineare AfA	Degressive AfA
• in jedem Jahr der Nutzung von den Anschaffungskosten	• nur im 1. Nutzungsjahr von den Anschaffungskosten, danach vom jeweiligen Buch- oder Restwert ⬆ fallende Abschreibungsbeträge
⬆ Abschreibungsbeträge sind immer gleich hoch	
• nach Ablauf der Nutzungsdauer: Buchwert gleich Null	• nach Ablauf der Nutzungsdauer: Nullwert wird nie erreicht

Nutzungsdauer und Abschreibungsmethode bestimmen die Höhe der jährlichen Abschreibungsbeträge.

Es gilt:

$$\text{AfA-Betrag} = \frac{\text{Anschaffungskosten}}{\text{Nutzungsdauer}} \qquad \text{AfA-Satz} = \frac{100}{\text{Nutzungsdauer}}$$

Verteilungsrechnen 19.2

Problem: Beim Verteilungsrechnen ist für Teileinheiten mit unterschiedlichem Anteil an der Verteilungsgrundlage ein Betrag oder eine Menge entsprechend dem jeweiligen Anteil zu verteilen. Die zu verteilende Menge wird proportional auf die beteiligten Einheiten aufgeteilt.

Lösungsansatz: Verteilung ohne Nebenbedingungen

Aufgabenstellung: Ein Handwerker möchte seinen Mitarbeitern insgesamt 3.000,– € Urlaubsgeld auszahlen. Er hält eine Verteilung nach Betriebszugehörigkeit für gerecht. Anton ist seit 3 Jahren, Berthold seit 8 Jahren und Christian seit 4 Jahren bei ihm beschäftigt. Wie hoch ist für jeden das Urlaubsgeld?

Lösung:

Mitarbeiter	Betriebszugehörigkeit	Verhältniszahlen	Anteile
Anton	3 Jahre	3	600,00 €
Berthold	8 Jahre	8	1.600,00 €
Christian	4 Jahre	4	800,00 €
		15	**3.000,00 €**

20.1 Verteilungsrechnen

Dreisatz:
Für das Urlaubsgeld von Anton gilt:

15 Teile – 3.000,00 €

3 Teile – x €

$$x = \frac{3 \cdot 3.000}{15} = 600,00 \text{ €}$$

Entsprechend gilt für Berthold und Christian:

Berthold: $\frac{8 \cdot 3.000,00}{15} = 1.600 \text{ €}$ Christian: $\frac{4 \cdot 3.000,00}{15} = 800,00 \text{ €}$

Arbeitshinweis: Wer lieber mit kleinen Zahlen umgeht, kann die Verteilungsgrundlagen jeweils bis auf die kleinste ganze Zahl kürzen..

Zusammenfassung: Arbeitsschritte beim Verteilen ohne Nebenbedingungen

1. Auflisten der Verteilungsgrundlagen
2. Addition der Verhältniszahlen
3. Ermittlung der Anteile per Dreisatz
4. Kontrollmöglichkeit: Addition Anteilswerte und Vergleich mit Gesamtheit

Verteilung nach Bruchzahlen 20.2

Problem: Eine Menge ist auf mehrere Teile aufzuteilen, wozu Bruchteile angegeben sind (Verteilung nach Bruchzahlen).

Lösungsansatz: Für die Verteilungsgrundlage ist von den vorhandenen Bruchzahlen auszugehen.

Aufgabenstellung: Ein selbstständiger Handwerksmeister möchte auf drei Mitarbeiter 2.000,00 € als Prämie verteilen. Nach den Leistungen findet er es gerecht, wenn Anton 1/3, Berthold 2/5 und Christian den Rest erhält. Wie viel € erhält jeder?

Mitarbeiter	Anteil am Gesamtbetrag ungleichnamig	gleichnamig	Verhältniszahlen	individuelle Prämie
Anton	1/3	5/15	5	666,67 €
Berthold	2/5	6/15	6	800,00 €
Christian	Rest	4/15	4	533,33 €
		15/15	**15**	**2.000,00 €**

21.1 Verteilung nach Bruchzahlen

Lösung:

$$\frac{\text{Gesamtbetrag}}{\text{Summe der Verhältniszahlen}} = \frac{\text{€-Betrag}}{\text{für einen Teil des Ganzen:}}$$

$$\frac{2.000}{15} = 133\frac{1}{3}$$

Also erhält Anton $\quad 5 \cdot 133\frac{1}{3} = 666{,}67$ €

Berthold $\qquad\qquad 6 \cdot 133\frac{1}{3} = 800{,}00$ €

und Christian $\qquad\; 4 \cdot 133\frac{1}{3} = 533{,}33$ €

Hinweis:

Zu beachten ist bei einer Aufgabenstellung wie dieser, bei der eine Gesamtmenge aufgeteilt wird, dass sich ihre Bruchteile zu 1 addieren. Wer Bruchrechnen vermeiden möchte, kann mit Dezimalzahlen arbeiten. Dazu werden die Brüche per Taschenrechner ausgerechnet, also z. B. $1/3 = 1 : 3 = 0{,}333333$. Aus Gründen der Genauigkeit empfiehlt es sich, bei diesen Zwischenwerten mit der gesamten Kapazität des Taschenrechners zu arbeiten.

Mit Dezimalzahlen erhält die obige Tabelle folgendes Aussehen:

Mitarbeiter	Anteil am Gesamtbetrag Verteilungsgrundlage 3	Urlaubsgeld
Anton	0,3333333	666,67 €
Berthold	0,4	800,00 €
Christian	0,2666667	533,33 €
	1	2.000,00 €

Anton erhält   0,3333333 · 2.000 = 666,67 €
Berthold erhält   0,4   · 2.000 = 800,00 €
Christian erhält   0,2666667 · 2.000 = 533,33 €

Zusammenfassung: Arbeitsschritte beim Verteilen nach Bruchzahlen

1. Auflisten der bekannten Bruchteile.
2. Gleichnamig machen der Brüche oder umwandeln in Dezimalzahlen.
3. Ermittlung eines eventuell fehlenden Bruchteiles durch Ermittlung der Differenz der Summe der bekannten Brüche zu der Zahl 1.
4. Ggf. auflisten der Verteilungszahlen.
5. Berechnen der Einzelanteile.
6. Kontrollrechnung durch Addition der Einzelanteile.

22.1 Verteilung/Nebenbedingungen

Problem:

Es ist eine Verteilung vorzunehmen, wo neben den rechnerischen Anteilen Sonderleistungen, z. B. Sonderzahlungen an Einzelne, zu berücksichtigen sind.

Lösungsansatz:

Grundsätzlich wird nach dem obigem Verfahren verteilt, nur die Sonderleistungen an einzelne Teilnehmer sind aus der Gesamtmenge herauszunehmen. Umgekehrt sind Abzüge von den Anteilen einzelner Teilnehmer der Gesamtmenge hinzuzufügen.

Aufgabenstellung:

An einer oHG sind drei Gesellschafter mit folgenden Einlagen beteiligt: A = 60.000,00 €, B = 70.000,00 € und C = 80.000,00 €. Der Gewinn der Gesellschaft liegt bei 210.000,00 €. Der Gesellschaftsvertrag sieht vor: A erhält vorab 10.000 € wegen erhöhten Geschäftsführungsaufwandes. Von C sollen 8.000,00 € als Mietanteil einer gesellschaftseigenen Wohnung einbehalten werden. Einlagen sind mit jeweils 8 % zu verzinsen. Der Rest soll nach Köpfen verteilt werden.

Lösung:

Gesellschafter	Einlage	Vorabvergütung	Mietabzug	8 % Verzinsung	Rest nach Köpfen 3	Summen
A	60.000	10.000		4.800,00	63.733,33	78.533,33
B	70.000			5.600,00	63.733,33	69.333,33
C	80.000		8.000	6.400,00	63.733,33	62.133,33
	210.000	10.000	8.000	16.800,00	191.199,99	209.999,99

Nach Abzug Sondervergütung A) und Einbehaltung Miete (C) bleiben:
210.000,00 € − 10.000,00 € + 8.000,00 € = **208.000,00 €** (Zwischensumme I)

Berechnung der Verzinsung:

Für A: $\dfrac{60.000 \cdot 8}{100}$ = **4.800,00** €

Für B: $\dfrac{70.000 \cdot 8}{100}$ = **5.600,00** €

Für C: $\dfrac{80.000 \cdot 8}{100}$ = **6.400,00** €

Für die Ermittlung der Restverteilung	
muss von den verbliebenen	208.000,00 €
208.000,00 € die addierte	– 4.800,00 €
Verzinsung abgezogen werden:	– 5.600,00 €
	– 6.400,00 €
	191.200,00 € (Zwischensumme II)

Dieser Restbetrag wird gleichverteilt, also erhält jeder der drei Gesellschafter:
191.200,00 € : 3 = **63.733,33 €** (Abweichung im Ergebnis durch Rundung).

Zusammenfassung: Arbeitsschritte beim Verteilen mit Nebenbedingungen

1. Auflistung der Verteilungsgrundlage.
2. Berücksichtigung der Nebenbedingungen, im obigen Beispiel:
   a) Korrektur der zu verteilenden Gesamtmenge um die Sonderzahlungen (sie werden abgezogen) und die Vorwegleistungen (sie werden addiert),
   b) Ermittlung der Verzinsung der Einlage,
   c) Subtraktion der Gesamtzinsbeträge von der Zwischensumme I.
3. Verteilung des Restbetrages (Zwischensumme II).
4. Addition der Einzelbeträge jedes Gesellschafters.

Problem:

Mischungsrechnen – Bestimmung des Mischungsverhältnisses: Zwei Sorten eines Produktes sollen miteinander gemischt werden, von denen unterschiedliche Mengen zu unterschiedlichen Preisen zur Verfügung stehen.

Lösungsansatz:

Grundsätzlich handelt es sich hier um ein Problem des gewogenen Durchschnitts. Ein übersichtliche Lösung dafür bietet der formale Wege des Mischungskreuzes. Man geht so vor: 1. Die Differenzen zwischen den Merkmalen der Sorten und der Mischung werden gebildet, wobei es nur auf die absoluten Differenzen ankommt. 2. Diese Differenzen für die einzelnen Sorten werden ausgetauscht (Mischungskreuz). 3. Die ermittelten Werte können auf ihre kleinste ganzzahlige Einheit gekürzt werden. Damit ist das Mischungsverhältnis ermittelt.

Aufgabenstellung:

Für eine Mischung sollen Sorte A (10,20 €/kg) und Sorte B (12,50 €/kg) gemischt werden. Gewünscht ist ein Preis der Mischung von 12,00 € pro kg. In welchem Verhältnis müssen Sorte A und Sorte B gemischt werden?

24.1 Mischungsrechnen

Lösung:

	Merkmal (hier: Preis)	Differenzen	Mischungs- kreuz	Mischungs- verhältnis
Sorte A	10,20 €	1,80 €		0,5 : 5
Mischung	12,00 €		X	:
Sorte B	12,50 €	0,50 €		1,8 18

Problem: **Bestimmung der zweiten Sorte** – zwei Sorten eines Produktes sollen miteinander gemischt werden, die Preise beider Sorten sind bekannt, die Menge einer Sorte ist vorgegeben. Wieviel muss von der zweiten Sorte dazugegeben werden?

Lösungsansatz: Nach Ermittlung des Mischungsverhältnisses wird die vorgegebene Menge der einen Sorte ihrem Anteil an der Mischung zugeordnet. Aus der entsprechenden Aufteilung wird die erforderliche Menge der zweiten Sorte per Dreisatz berechnet.

Aufgaben-stellung:

Für eine Mischung sollen zwei Sorten gemischt werden. Sorte A kostet 10,20 € pro kg, Sorte B kostet 12,50 € pro kg. Gewünscht ist ein Preis der Mischung von 12,00 € pro kg. Von Sorte A sind 20 kg vorhanden. Wieviel der Sorte B muss dieser Menge hinzugefügt werden?

Lösung:

	Merkmal hier: Preis	Differenzen	Mischungs-verhältnis		Mengen
Sorte A	10,20 €	1,80 €	0,5	5	20 kg
Mischung	12,00 €	✕			
Sorte B	12,50 €	0,50 €	1,8	18	72 kg

$$x = \frac{18 \cdot 20}{5} = 72 \text{ kg}$$

Dreisatz:

5 Teile – 20 kg
18 Teile – x kg

25.1 Mischungsrechnen

Problem:
Ermittlung der Zusammensetzung der Mischung: Von den beiden Sorten eines Produktes, die gemischt werden sollen sind die Preise bekannt. Die Gesamtmenge der Mischung ist vorgegeben. Bestimmt werden sollen die Teilmengen der beiden Sorten.

Lösungsansatz:
Nach Ermittlung des Mischungsverhältnisses wird die vorgegebene Menge der Mischung der Summe der Teile beider Sorten zugeordnet. Aus der entsprechenden Aufteilung werden die erforderlichen Mengen der beiden Sorten per Dreisatz berechnet.

Aufgabenstellung:
Für eine Mischung sollen zwei Sorten gemischt werden. Sorte A kostet 10,20 € pro kg, Sorte B kostet 12,50 € pro kg. Gewünscht ist ein Preis der Mischung von 12,00 € pro kg. Insgesamt werden von der Mischung 84 kg benötigt. Wie viel muss von jeder Sorte in die Mischung eingegeben werden?

Lösung:

	Merkmal hier: Preis	Differenzen	Mischungsverhältnis		Mengen
Sorte A	10,20 €	1,80 €	0,5	5	18,26 kg
Mischung	12,00 €	✕	:	:	
Sorte B	12,50 €	0,50 €	1,8	18	65,74 kg
				23	84,00 kg

Dreisatz:

Sorte A:

$$23 \text{ Teile} \;-\; 84 \text{ kg}$$
$$5 \text{ Teile} \;-\; x \text{ kg} \qquad x = \frac{5 \cdot 84}{23} = 18{,}26 \text{ kg}$$

Sorte B:

$$23 \text{ Teile} \;-\; 84 \text{ kg}$$
$$18 \text{ Teile} \;-\; x \text{ kg} \qquad x = \frac{18 \cdot 84}{23} = 65{,}74 \text{ kg}$$

oder: Die zweite Sorte kann auch aus der Differenz zwischen der Gesamtmenge und der ersten Sorte gebildet werden: 84,00 kg - 18,26 kg = **65,74 kg**

26.1 Zinsrechnung

Überlässt eine Person einer Bank/Sparkasse (oder sonst jemand anderem) für einen bestimmten Zeitraum Geld , so erhält diese Person dafür in der Regel als Vergütung Zinsen (Guthabenzinsen). Leiht sich jemand Geld, so muss er dafür Zinsen bezahlen (Darlehenszinsen).

Wie hoch der Zins ist, hängt ab
1. von der Höhe des eingezahlten Geldbetrages = Kapital,
2. von der Höhe des Zinssatzes, d.h. wie viel Prozent des Kapitals die Zinsen pro Jahr betragen sollen und
3. von der vereinbarten Ausleihzeit oder Laufzeit (Jahre, Monate, Tage).

Zinsrechnung ist Anwendung der Prozentrechnung unter Einbeziehung der Laufzeit:

Prozentrechnung	Prozentwert PW	Grundwert GW	Prozentsatz PS	—
Zinsrechnung	Zinsen **Z**	Kapital **K**	Zinssatz **p**	Laufzeit **t**

Legt man ein Kapital von 100,00 € zu einem Zinssatz von 6% an, so wird man nach einem Jahr 6,00 € Zinsen erhalten.

Zinssatz **p %**		Kapital **K**		Jahreszinsen **Z**
6%	von	100,00 €	=	6,00 €

Berechnung der Zinsen:

$$Z = \frac{K \cdot p \cdot t}{100 \cdot 360}$$

t gibt die Zeit in Tagen an, die Zahl 360 bezieht sich auf die Anzahl der Tage im Jahr

Berechnung des Kapitals:

$$K = \frac{Z \cdot 100 \cdot 360}{p \cdot t}$$

Berechnung des Zinssatzes:

$$p = \frac{Z \cdot 100 \cdot 360}{K \cdot t}$$

Berechnung der Laufzeit t:

$$t = \frac{Z \cdot 100 \cdot 360}{K \cdot p}$$

27.1 Zinsrechnung – Jahreszinsen

Problem:	**Berechnung von Jahreszinsen** – gegeben sind das Kapital K und der Zinssatz p. Gesucht sind die Jahreszinsen Z.
Aufgabenstellung:	Frau Nolte legt ein Kapital von 7.680,00 € zu einem Zinssatz von 3% an. Wie hoch sind die Zinsen Z nach einem Jahr?
Berechnung mit der Zinsformel:	$K = 7.680,00 \,€, \quad p = 3\%, \quad Z = ? \,€$

$$Z = \frac{K \cdot p}{100}$$

$$Z = \frac{7680,00 \cdot 3}{100} = 230,40 \ (€)$$

Problem:	Berechnung der Zinsen für eine beliebige Laufzeit – gegeben sind das Kapital K, der Zinssatz p und die Laufzeit t. Gesucht sind die Zinsen Z für eine bestimmte Laufzeit t.
Aufgabenstellung:	Frau Nolte legt ein Kapital von 7.680,00 € zu einem Zinssatz von 3% an. Wie hoch sind die Zinsen Z nach 5 Monaten?

Berechnung mit der Zinsformel:

$K = 7.680,00 \text{ €}$, $p = 3\%$, $t = 5$ Monate = 150 Tage (1 Monat zählt 30 Tage), $Z = ?$ €

$$Z = \frac{k \cdot p \cdot t}{100 \cdot 360}$$

$$Z = \frac{7.680,00 \cdot 3 \cdot 150}{100 \cdot 360} = \mathbf{96,00 \text{ (€)}}$$

$\frac{t}{360}$ bezieht sich auf Angaben von Tagen. Bei Angaben von Monaten kann $\frac{t}{360}$ durch $\frac{m}{12}$ oder bei Angaben von Jahren durch $\frac{1}{1}$ ersetzt werden.

Berechnung der Zinstage

In der kaufmännischen Zinsrechnung gilt:
Ein Jahr zählt 360 Tage.

Ein Monat zählt 30 Tage (auch der Februar, sofern die Laufzeit über das Ende des Februar hinausgeht). Der 31. eines Monats wird nicht berücksichtigt; auch wenn die Laufzeit bis zum 31. eines Monats läuft. Bei der Berechnung des Zeitraumes wird der 1. Tag der Laufzeit nicht mitgezählt, der letzte Tag wird mitgezählt.

28.1 Zinsrechnung – Laufzeit

Beispiele:

a) 19. Februar bis 1. März:

Februar:	$30 - 19$	=	11	Zinstage
März:		=	1	Zinstag
		=	**12**	**Zinstage**

b) 28. März bis 5. Juli:

März:	$30 - 28$	=	2	Zinstage
April - Juni:	3×30	=	90	Zinstage
Juli:		=	5	Zinstage
		=	**97**	**Zinstage**

Problem:
Berechnung der Zinstage – gegeben sind das Kapital K, die Zinsen Z und der Zinssatz p, gesucht wird die Laufzeit t.

Aufgabenstellung:
Ihre Tante verfügt über einen Betrag von 54.000,00 €. Wenn ihr 8% Zinsen angeboten werden und sie 1.800,00 € an Zinsen erhalten möchte, für welche Laufzeit muss sie ihr Kapital anlegen?

Berechnung mit der Zinsformel:

$K = 54.000,00 €$, $Z = 1.800,00 €$, $p = 8\%$, $t = ?$ Tage

$$t = \frac{Z \cdot 100 \cdot 360}{K \cdot p}$$

$$t = \frac{1.800 \cdot 100 \cdot 360}{54.000 \cdot 8} = 150 \text{ (Tage)} = \textbf{5 Monate}$$

Problem:

Berechnung des Kapitals – gegeben sind Zinsen Z, der Zinssatz p% und die Laufzeit t, gesucht wird das Kapital K.

Aufgabenstellung:

Nach 184 Tagen erhält Herr Karl 610,00 € Zinsen für einen Geldbetrag, den er zu einem Zinssatz von 4% angelegt hat. Wie hoch war das Anfangskapital?

Berechnung mit der Zinsformel:

$Z = 610,00 €$, $p = 4\%$, $t = 375$ Tage, $K = ?$ €

$$K = \frac{Z \cdot 100 \cdot 360}{p \cdot t}$$

$$K = \frac{610 \cdot 100 \cdot 360}{4 \cdot 375} = \textbf{14.640,00 (€)}$$

29.1 Zinsrechnung – Zinssatz

Problem:	**Berechnung des Zinssatzes** – gegeben sind Kapital K, Zinsen Z und Monatszinsen m. Gesucht ist der Zinssatz p%.
Aufgaben-stellung:	Für eine Spareinlage von 26.400,00 € werden dem Anleger nach 9 Monaten 693,00 € Zinsen gutgeschrieben. Welcher Zinssatz wurde vereinbart?
Berechnung mit der Zinsformel:	$K = 26.400,00 €, \; Z = 693,00 €, \; m = 9$ Monate, $p = ?$ %

$$p = \frac{Z \cdot 100 \cdot 12}{K \cdot m} \qquad p = \frac{693 \cdot 100 \cdot 12}{26.400 \cdot 9} = 3,5 \; (\%)$$

Zusammenfassung: Arbeitsschritte bei der Zinsrechnung

1. Auflisten, welche Größen gegeben sind und welche gesucht werden.
2. Berechnung mit der Zinsformel: entsprechende Einheiten werden in die Formel eingetragen

Zusammenstellung der Formeln aus der Zinsrechnung

Tageszinsformel:

$$Z = \frac{K \cdot p \cdot t}{100 \cdot 360}$$

Monatszinsformel:

$$Z = \frac{K \cdot p \cdot m}{100 \cdot 12}$$

Jahreszinsformel:

$$Z = \frac{K \cdot p}{100}$$

Berechnung des Kapitals:

$$K = \frac{Z \cdot 100 \cdot 360}{p \cdot t}$$

Berechnung der Tage:

$$t = \frac{Z \cdot 100 \cdot 360}{K \cdot p}$$

Z = Zinsen, **K** = Kapital, **p** = Zinssatz, **t** = Tage, **m** = Monate

30.1 Zinseszinsrechnung

Berechnung des Kapitalwachstums – Zinseszinsrechnung

Ein Anfangskapital K_0 wird zu einem Zinssatz p% angelegt. Nach Ablauf eines Jahres werden die Zinsen berechnet und falls der Kunde sich den Zinsbetrag nicht auszahlen lässt, werden sie dem Konto gutgeschrieben, d.h. das Anfangskapital K_0 ist auf das neue Kapital K_1 (= Kapital nach einjähriger Verzinsung) angewachsen. Es gilt:

$$K_1 = K_0 + Z$$

Aufgabenstellung:

Zu Anfang des Jahres befindet sich auf einem Konto ein Betrag von 1.400,00 €, der mit einem Zinssatz von 3% verzinst wird. Wie hoch ist das Kapital K_1 zu Beginn des nächsten Jahres?

1. Lösungsweg:

$$Z = \frac{K_0 \cdot p}{100}$$

$$Z = \frac{1.400 \cdot 3}{100} = 42 \; (€)$$

$$K_1 = K_0 + Z \qquad K_1 = 1.400 \; DM + 42 \; DM = 1.442 \; €$$

2. Lösungsweg:

Das Anfangskapital K_0 zu Beginn des Jahres wächst im Laufe des Jahres um 3%. Da K_0 gleichgesetzt wird mit 100%, wächst das neue Kapital K_1 auf 103%. Es gilt:

$$K_1 = K_0 \frac{(100 + p)}{100} \qquad K_1 = \frac{1.400 \ (100 + 3)}{100} = \mathbf{1.442} \ \textbf{(€)}$$

Zinsfaktor: Man erhält das neue Kapital K_1 dadurch, dass das Kapital K_0 mit der Zahl $103/100 = 1{,}03$ multipliziert wird. Diese Zahl wird allgemein mit „q" bezeichnet und heißt „Zinsfaktor". Es gilt:

$$q = 1 + \frac{p}{100}$$

Aufgaben-stellung: Ein Kapital $K_0 = 1.900{,}00$ € wird ein Jahr lang für 6,5% angelegt. Wie hoch ist das Kapital K_1?

Berechnung:

$$q = 1 + \frac{p}{100} = 1 + \frac{6{,}5}{100} = 1{,}065 \qquad K_1 = K_0 \cdot q = 1.900 \cdot 1{,}065 = \mathbf{2.023{,}50} \ \textbf{(€)}$$

31.1 Zinseszinsrechnung

Zinseszinsen: Wird ein Anfangskapital K_0 über mehrere Jahre zu einem festen Zinssatz angelegt und werden die Zinsen am Ende eines jeden Jahres gutgeschrieben, dann werden außer dem Kapital K_0 auch die Zinsen eines jeden Jahres verzinst. Daher spricht man von „Zinseszinsen". Somit kann von der Kontostand nach 1 Jahr, 2, 3 Jahren etc. ermittelt werden. Für die Berechnung der Kapitalwerte K_1, K_2, K_3 etc. gilt:

$$K_1 = K_0 \cdot q \qquad K_2 = K_1 \cdot q \qquad K_3 = K_2 \cdot q \quad \text{etc.}$$

Aufgabenstellung: Das Kapital $K_0 = 32.000,00$ € wird für 5 Jahre zum festen Zinssatz von 4% angelegt. Wie hoch ist das Endkapital K_5 ?

Berechnung:

K_1	=	K_0	·	1,04	·	32.000,00	=	33.280	(€)
K_2	=	K_1	·	1,04	·	33.280,00	=	43.611,20	(€)
K_3	=	K_2	·	1,04	·	43.611,20	=	35.995,65	(€)
K_4	=	K_3	·	1,04	·	35.995,65	=	37.435,47	(€)
K_5	=	K_4	·	1,04	·	37.435,47	=	38.932,89	(€)

Zusammenfassung: Arbeitsschritte beim Berechnen der Zinseszinsen

1. Möglichkeit A: Berechnung der Jahreszins Z mit Hilfe der Zinsesformel Addition von Anfangskapital K_0 und Jahreszinsen Z => man erhält die Höhe des Kapitals zu Beginn des nächsten Jahres, sofern dieser Zinsbetrag auf dem Konto gutgeschrieben wird: $K_1 = K_0 + Z$

Möglichkeit B:

a) Berechnung des Zinsfaktors $q = 1 + \frac{p}{100}$

b) Multiplikation des Anfangskapitals K_0 mit dem Zinsfaktor q => man erhält die Höhe des Kapitals zu Beginn des nächsten Jahres: $K_1 = K_0 \cdot q$

c) Soll'en die Zinseszinsen von einem Kapital, das über mehrere Jahre zu einem festen Zinssatz p angelegt wurde, berechnet werden, gilt folgender Lösungsweg:

$$K_1 = K_0 \cdot q$$
$$K_2 = K_1 \cdot q$$
$$\dots$$
$$K_n = K_{n-1} \cdot q$$

32.1 Effektivverzinsung

Effektivverzinsung (tatsächliche Verzinsung) bei Gewährung von Skonto

Meistens werden Rechnungen innerhalb einer bestimmten Zahlungsfrist unter Abzug von Skonto beglichen. Unter Skonto versteht man einen prozentualen Nachlass vom Rechnungsbetrag für vorzeitige Zahlung.

Für die Unternehmung lohnt sich meistens das Ausnutzen von Skonto, sofern liquide Mittel vorhanden sind. Muss dafür aber ein Kredit aufgenommen werden, dann lohnt es sich nur dann, wenn der Skonto höher ist als die Kosten des Bankkredits.

Aufgaben-stellung:	Ein Großhändler erhält von seinem Lieferer am 19.06 eine Rechnung über 6.800,00 €. Die Zahlungsbedingung lautet : „Zahlbar in 30 Tagen nach Rechnungserhalt netto Kasse oder innerhalb von 10 Tagen abzüglich 2% Skonto." Er überlegt, ob er aufgrund fehlender liquider Mittel den Rechnungsbetrag bei seiner Bank zu 9 % Zinsen aufnehmen soll.
Problem:	Lohnt sich die Kreditaufnahme für das Ausnutzen von Skonto oder soll der Großhändler den vollen Zielzeitraum von 30 Tagen in Anspruch nehmen?

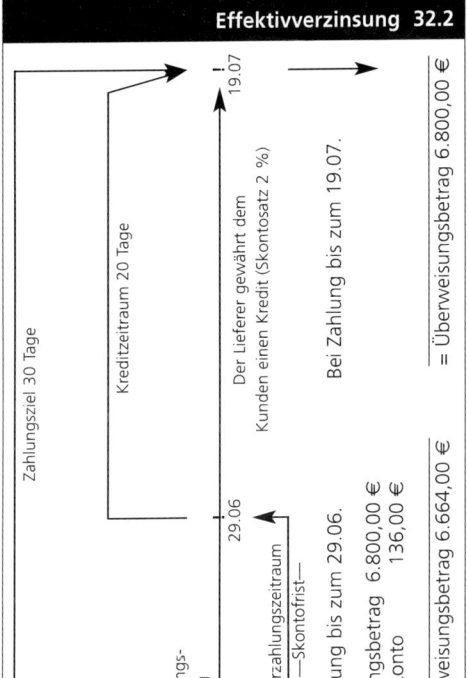

Zahlungsziel 30 Tage

Kreditzeitraum 20 Tage

Der Lieferer gewährt dem Kunden einen Kredit (Skontosatz 2 %)

19.07.

Rechnungs-eingang
19.06.

29.06.

Barzahlungszeitraum
—Skontofrist—

Bei Zahlung bis zum 29.06.

Rechnungsbetrag	6.800,00 €
- 2% Skonto	136,00 €

= Überweisungsbetrag 6.664,00 €

Bei Zahlung bis zum 19.07.

= Überweisungsbetrag 6.800,00 €

33.1 Effektivverzinsung

Da er bei Skontoausnutzung erst am 10. Tag = 29.06. die Rechnung zahlt, würde der Großhändler auch erst am 10. Tag den erforderlichen Bankkredit aufnehmen. Der Kreditzeitraum beträgt dann 20 Tage. Da sich der Zinssatz der Bank von 9% auf ein Jahr bezieht, muss der Skontosatz von 2% auch auf ein Jahr umgerechnet werden, um einen Vergleich ziehen zu können. Man erhält dann den effektiven (tatsächlichen) Zinssatz für den Liefererkredit.

1. Lösungsweg: – kaufmännische Überschlagsrechnung (Dreisatz)

20 Tage = 2%
360 Tage = x%

$$x = \frac{360 \cdot 2}{20} = \mathbf{36 \ (\%)} = \text{effektiver Zinssatz}$$

In der kaufmännischen Praxis wird dieser Lösungsweg angewendet, um eine schnelle Entscheidungshilfe zu erhalten, die in der Regel auch ausreicht.

$$\text{effektiver Zinssatz} = \frac{360 \cdot \text{Skontosatz}}{\text{Kreditzeitraum}}$$

2. Lösungsweg: mathematisch genaue Rechnung (Zinsformel)

$K = 6.664,00 €$ (Überweisungsbetrag), $Z = 136,00 €$ (Skontoertrag),
$t = 20$ Tage, $p = x \%$

$$p = \frac{Z \cdot 100 \cdot 360}{K \cdot t} \qquad p = \frac{136 \cdot 100 \cdot 360}{6.664 \cdot 20} = 36,7346.. = \textbf{36,74 \%}$$

Der Skontoabzug lohnt sich, da die Skontoerträge auf den Zeitraum eines Jahres (ca. 36%) höher sind als die Jahreskreditkosten der Bank (9%):

Skontoausnutzung, wenn Skontosatz > Kreditzinssatz

In den obigen Rechnungen wurden Skontosatz und Kreditzinssatz verglichen. Eine weitere Möglichkeit ist der Vergleich zwischen Skontoertrag und Kreditkosten in €-Beträgen, d.h. die Berechnung von Finanzierungsgewinn bzw. -verlust.

Kosten des Bankkredits: Berechnung mit Hilfe der Zinsformel $K = 6.664 €$
(Überweisungsbetrag = Höhe des Kredits)
$p = 9\%$, $t = 20$ Tage, $Z = x €$

34.1 Vorteil aus Skonto

$$Z = \frac{K \cdot p \cdot t}{100 \cdot 360} \qquad Z = \frac{6.664 \cdot 9 \cdot 20}{100 \cdot 360} = 33,34 \ €$$

Berechnung des Finanzierungsvorteils / -nachteils:
Skonto 136,00 € − Kreditkosten 33,34 € = Finanzierungsgewinn = 102,68 €

Allgemein gilt: *Finanzierungsvorteil durch Skontoausnutzung*

Skonto
− Kosten des Bankkredits
$\overline{}$
= Finanzierungsgewinn

Skontoertrag (€) > Kosten des Bankkredits (€)

Effektivverzinsung bei Darlehensgeschäften

In der Praxis ist es oft üblich, Darlehen nicht zum vollen Betrag (100%) auszuzahlen, sondern mit einem Disagio (= Abschlag). Weiterhin können Provisionen und

Spesen den Auszahlungsbetrag vermindern. Die Kosten des Kredits erhält man durch die Summe von Disagio, Spesen, Provisionen und Zinsen für die gesamte Laufzeit. Durch diese Abzüge ist der effektive Zins größer als der Nominalzins.

Aufgabenstellung:

Eine Bank bietet ein Darlehen von 80.000,00 € zum Jahreszinssatz 6% bei 2% Disagio an und berechnet 1,5 % Bearbeitungsgebühren sowie 35,00 € Spesen. Das Darlehen ist nach Ablauf von 5 Jahren in einer Summe zu tilgen. Wie hoch sind 1. der Auszahlungsbetrag, 2. die tatsächlichen Kreditkosten in € und 3. der effektive Zinssatz?

Berechnungen:

1. Auszahlungsbetrag:

Darlehen	80.000,00 €
– 2% Disagio	– 1.600,00 €
– 1,5% Bearbeitungsgebühren	– 1.200,00 €
– Spesen	– 35,00 €
= Auszahlungsbetrag	77.165,00 €

35.1 Effektivverzinsung

2. Tatsächliche (effektive) Kreditkosten

Die effektiven Kreditkosten ergeben sich aus Kreditzinsen, Disagio, Bearbeitungsgebühren und Spesen. Die Zinsen werden mit der Zinsformel berechnet.

Berechnung der Zinsen:

$K = 80.000,00 €, p = 6\%, t = 5$ Jahre, $Z = ? €$

$$Z = \frac{K \cdot p \cdot j}{100} \qquad Z = \frac{80.000 \cdot 6 \cdot 5}{100} = 24.000 €$$

Addition der Gesamtkosten:

Zinsen	24.000,00 €
+ Disagio (2% von 80.000 €)	1.600,00 €
+ Gebühren (1,5% von 80.000 €)	1.200,00 €
+ Spesen	35,00 €
= effektive Kreditkosten	**26.835,00 €**

3. Effektiver Zinssatz

Bezieht man die Kreditkosten auf 1 Jahr und auf 100,00 € des Auszahlungsbetrages, so erhält man den Effektivzinssatz.

Lösung mit Dreisatz bzw. Kettensatz:

ausgezahltes Darlehen	77.165,00 € kosten in	5 Jahren 26.835,00 €
ausgezahltes Darlehen	100,00 € kosten in	1 Jahr x €

$$x = \frac{26.835 \cdot 100}{5 \cdot 77.165} = 6,9552\ldots \approx \textbf{6,96 \%}$$

Allgemein gilt folgende Formel (bei Rückzahlung am Ende der Laufzeit, nicht jedoch, wenn das Darlehen in jährlichen Raten getilgt wird):

$$\text{Effektivzinssatz} = \frac{100 \cdot \text{Kreditkosten}}{\text{Auszahlungsbetrag} \cdot \text{Laufzeit}}$$

36.1 Diskontrechnen

Problem:

Wechseldiskontierung

Der Wechsel ist ein Kreditmittel. Der Wechselbetrag muss vom Schuldner erst am Tage der Fälligkeit (= Verfalltag) des Wechsels bezahlt werden. Wegen des vereinfachten Verfahrens des Wechselprozesses – als Beweismittel gilt allein der Wechsel, d. h. der Wechselprozess ist rechtlich einfach zu führen und zügig zu terminieren – dient der Wechsel in vielen Fällen als geeignetes Kreditsicherungsmittel und er kann als Zahlungsmittel weitergegeben werden. Wird nun ein Wechsel z. B. bei einer Bank vor Ablauf der Fälligkeit eingereicht (diskontiert), dann gibt die Bank dem Einreicher gewissermaßen einen Kredit, weil sie ihrerseits den Wechselbetrag vom Wechselschuldner erst am Tage der Fälligkeit bekommt. Dementsprechend wird dem Einreicher eines Wechsels vom Wechselbetrag der Zins für diesen Betrag abgezogen.

Ausstelldatum

(Laufzeit des Wechsels i. d. R. 3 Monate)

Fälligkeitstag

Lösungsansatz: Für die Zeit von der Einreichung des Wechsels bis zum Fälligkeitsdatum wird der Zinsbetrag errechnet und vom Wechselbetrag abgezogen (Zinssatz in der Regel ca. 3 % ...4 % über Diskontsatz der Deutschen Bundesbank). Gutgeschrieben wird der Barwert, d.h. der Wechselbetrag abzügl. des Diskonts (Verzinsung der Wechselsumme). Gerechnet wird wie in der Zinsrechnung, lediglich die Fachausdrücke sind zum Teil etwas andere:

Zinsrechnung:	Diskontrechnung:
Kapital	Wechselbetrag/-summe
Zinssatz	Diskontsatz
Zinsbetrag	Diskont
Zeit (in Tagen)	Zeit (in Tagen)

Analog der Zinsformel lautet die Formel zur Berechnung des Diskonts:

$$\text{Diskont} = \frac{\text{Wechselbetrag} \cdot \text{Diskontsatz} \cdot \text{Tage}}{100 \cdot 360}$$

Der Barwert errechnet sich folgendermaßen:
Barwert = Wechselsumme − Diskont

37.1 Wechseldiskontierung

Aufgaben-stellung:	Zum Ausgleich einer Rechnung stellt die Unternehmung G am 10.03. einen Wechsel über 20.000,00 € aus, den der Kaufmann S am gleichen Tage akzeptiert. Fälligkeitsdatum ist der 10.06. Am 20.04. reicht G den Wechsel der Bank zum Diskont ein. Die Bank rechnet den Wechsel mit einem Diskontsatz von 7 % ab. Welchen Betrag schreibt die Bank der Unternehmung G gut?
Lösung:	Wechselbetrag: 20.000,00 €, Diskontsatz: 7 % Zeit: 20.04. - 10.06. = 50 Tage

Daraus ergibt sich als Diskont:

$$\text{Diskont} = \frac{20.000,00 \cdot 7 \cdot 50}{100 \cdot 360} = 194,44 \text{ €}$$

Damit ergibt sich für den Barwert:

Barwert = 20.000,00 € − 194,44 € = **19.805,56 €**

Problem:	**Berechnung des Wechselbetrages unter Einbeziehung des Diskonts:** Falls sich Gläubiger und Schuldner entschließen, zur Absicherung einer Schuld einen Wechsel auszustellen und mit diesem Wechsel gleichzeitig dem Schuldner ein Kredit gewährt werden soll, dann hat der Wechselbetrag den Diskont einzuschließen, der die entsprechende Verzinsung des Kredites darstellt.
Lösungsansatz:	Der Wechsel wird ausgestellt über einen Betrag, der die Schuld, den Diskont und ggf. Spesen mit einschließt.
Aufgaben-stellung:	Aus dem Vertrag mit seinem Lieferer G schuldet der Kaufmann S per 06.08. einen Betrag von 15.000,00 €. S und G vereinbaren, dass S einen Wechsel mit einer Laufzeit von drei Monaten akzeptiert. Der Wechselbetrag soll den Diskont (8 %) und Spesen in Höhe von 8,00 € enthalten. Wie hoch ist die Wechselsumme?

38.1 Wechselbetrag

Lösung:

Der Barwert des Wechsels soll am 06.08. 15.000,00 € betragen. Rechnung:

Schuld am 06.08.	15.000,00 €
+ Spesen	8,00 €
Barwert am 06.08.	15.008,00 €
Diskont bei 8 % und 90 Tagen	306,29 €

(hier bietet sich die Prozentrechnung mit dem verminderten Wert an: 8 % für 90 Tage, entsprechend 2 % vom Gesamtbetrag: der Barwert von 15.008,00 € entspricht also 98 % des Wechselbetrages, die Rechnung vollzieht sich nach dem Dreisatz)

$$98\ \% \; - \; 15.008,00\ €$$
$$2\ \% \; - \; x$$

$$x = \frac{2 \cdot 15.008,00}{98} = \mathbf{306,29\ €}$$

Wechselbetrag:	**15.314,29 €**

Problem: Der Kontokorrent ist die laufende Rechnung zweier Kaufleute, die in ständiger wechselseitiger Geschäftsbeziehung stehen, Leistung und Gegenleistung werden gegeneinander aufgerechnet unter Berücksichtigung der anfallenden Zinsen.

Lösungsansatz: Die jeweiligen Leistungen werden aufgelistet und für ihre jeweilige Laufzeit die Zinszahlen errechnet. Nur der jeweilige Saldo wird verzinst.

Aufgabenstellung: Kontokorrentrechnen unter Berücksichtigung der Zinsermittlung. Auf ein Sparkonto mit einem Guthaben von 1.000,00 € am 18.08. werden folgende Beträge eingezahlt:

am 20.08.: 100,00 €
am 01.09.: 500,00 €
am 25.09.: 200,00 €

Wie hoch ist das Guthaben am 30.09. einschließlich der Zinsen bei einem Zinssatz von 2,5 %?

39.1 Kontokorrentrechnen

Grundlage der Berechnung ist die Zinsformel:

$$\text{Zins} = \frac{\text{Kapital} \cdot \text{Tage} \cdot \text{Prozentsatz}}{100 \cdot 360}$$

oder

$$\text{Zins} = \frac{\dfrac{\text{Kapital}}{100} \cdot \text{Tage}}{\dfrac{360}{p}} = \frac{\#}{\dfrac{360}{p}}$$

Wertstellungsdatum	Guthaben in €	Tage	# des Guthabens
18.08.	1.000,00	2	20
20.08.	1.100,00	13	143
01.09.	1.600,00	24	384
25.09.	1.800,00	5	90
			637

Zinsbetrag = 637 : 144 = **4,42 €**
Guthaben am 30.09. = 1.800,00 + 4,42 = 1.804,42 €

Aufgaben-stellung:

Kontokorrentrechnen unter Berücksichtigung von Soll- und Habensalden: Ein Girokonto wird am 25.03. mit einem Guthaben von 2.000,00 € eröffnet. Folgende Gutschriften und Belastungen finden statt:

Lastschrift am 28.03.: 2.500,00 €
Gutschrift am 01.04.: 5.000,00 €
Lastschrift am 05.04.: 1.000,00 €
Lastschrift am 10.04.: 2.000,00 €
Lastschrift am 22.04.: 2.000,00 €

Welchen Saldo weist das Konto am 30.04. auf unter Berücksichtigung von 0,5 % Habenzinsen und 9,75 % Sollzinsen?

Lösung:

Aus der Sicht der Bank wird eine Einzahlung des Kunden im Haben, eine Auszahlung an den Kunden im Soll gebucht.

40.1 Kontokorrentrechnen

Wertstellungsdatum	Soll/Haben	Kontostand in €	Zinstage	Soll-#	Haben-#
25.03.	H	+ 2.000,00	3		60
28.03.	S	− 500,00	3	15	
01.04.	H	+ 4.500,00	4		180
05.04.	S	+ 3.500,00	5		175
10.04.	S	+ 1.500,00	12		180
22.04.	S	− 500,00	8	40	
				55	595

Berechnung der Soll-Zinsen: Soll-Zinsen $= \dfrac{55}{\frac{360}{9,75}} = \mathbf{1{,}49\ €}$

Berechnung der Haben-Zinsen: Haben-Zinsen $= \dfrac{595}{\frac{360}{0,5}} = \mathbf{0{,}83\ €}$

Der Kontostand beträgt am 30.04.:

	− 500,00 €
	− 1,49 €
	+ 0,83 €
	− 500,66 €

Im Zusammenhang mit der Kontoführung können von diesem Beispiel abweichende Daten auftreten: Provisionen können belastet werden, die Zinssätze können sich verändern. Provisionen werden entsprechend ihrem Berechnungsmodus als Lastschriften behandelt, beim Wechsel des Zinssatzes muss ein entsprechender Schnitt bei den Wertstellungsdaten berücksichtigt werden.

Zusammenfassung: Arbeitsschritte beim Kontokorrentrechnen

1. Erstellen der Tabelle
2. Eintragen der bekannten Werte: Wertstellungsdaten, Salden
3. Unterscheiden der Salden in Soll und Haben
4. Berechnung der Zinszahlen nach Soll- und Haben-Zinszahlen
5. Addition der Zinszahlen
6. Division der jeweiligen Zinszahl durch den dazugehörigen Zinsteiler
7. Addition des Endbestandes, der Soll- und Haben-Zinsen

41.1 Warenhandel – Vorwärtskalkulation

Problem: Vorwärtskalkulation beim Warenhandel: Ein Unternehmer kauft Ware ein und möchte wissen, wie viel er unter Berücksichtigung von Rabatt und Skonto zu bezahlen hat.

Lösungsansatz: Aus dem Listeneinkaufspreis wird unter Berücksichtigung von Rabatt und Skonto der Bareinkaufspreis errechnet.

Anmerkung: Die Mehrwertsteuer wird hier nicht berücksichtigt, weil diese für den Unternehmer ein durchlaufender Posten ist, d. h. für die Berechnung seiner Warenpreise spielt sie keine Rolle, weil sie gleichermaßen beim Ein- und Verkauf aufzuschlagen ist.

Aufgaben-stellung: Ein Fahrradhändler erhält das Angebot eines Herstellers über Rahmen zum Stückpreis von 200,00 €. Mengenrabatt 10% bei Abnahme von mind. 100 Stück, Zahlungsziel 30 Tage, bei Zahlung innerhalb von acht Tagen 2 % Skonto. Der Händler bestellt 120 Rahmen. Wie hoch ist sein Bareinkaufspreis?

Lösung: Die Kalkulation berechnet sich nach folgendem Schema:

Listeneinkaufspreis	(120 · 200)	24.000,00 €
− Liefererrabatt	(10 %)	2.400,00 €
= Zieleinkaufspreis		21.600,00 €
− Liefererskonto	(2 %)	432,00 €
= Bareinkaufspreis		**21.168,00 €**

Der Rechnungspreis, den der Händler zu überweisen hat, muss natürlich noch die Mehrwertsteuer enthalten:

Bareinkaufspreis	21.168,00 €
+ 15 % MWSt	3.175,20 €
Rechnungspreis	**24.343,20 €**

Problem: **Bezugskalkulation:** Der Bezugspreis gibt an, wie viel € aufgewendet werden müssen, bis die Ware im Lager ist. Neben dem Rechnungsbetrag fallen im Regelfall Transportkosten und Kosten für die Versandverpackung an.

Lösungsansatz: Kosten für Transport und Verpackung werden dem Bareinkaufspreis zugeschlagen, um den Bezugspreis zu erhalten.

42.1 Warenhandel – Bezugskalkulation

Aufgabenstellung:	Der Lieferant der Fahrradrahmen berechnet für die Lieferung an Verpackungskosten pro Rahmen 3,50 € und für den Transport der Rahmen insgesamt 520,00 €.

Lösung:

Bareinkaufspreis		24.343,20 €
+ Verpackung	(120 · 3,50 €)	420,00 €
+ Transportkosten		520,00 €
Bezugspreis		**25.283,20 €**

Problem: Ermittlung der Selbstkosten: Nachdem die Ware das Lager des Kaufmanns erreicht hat, entstehen weitere Kosten, die für einen etwaigen Verkauf berücksichtigt werden müssen.

Lösungsansatz: Im Regelfall lassen sich Kosten für Lagerung, Verwaltung und Verkauf im Voraus nicht genau berechnen und meist auch nicht den einzelnen Artikeln eindeutig zuordnen. Deshalb schlägt man zur Ermittlung der Selbstkosten auf den Bezugspreis die Handlungskosten als Prozentsatz des Bezugspreises auf. Den Handlungskostenzuschlagssatz ermittelt der Kaufmann aus den Erfahrungen der Vergangenheit.

Aufgaben- stellung:	Ein Fahrradhändler hat 120 Rahmen zum Bezugspreis von 25.283,20 € gekauft. Seine Handlungskosten betragen erfahrungsgemäß 18 % des Bezugspreises. Wie hoch sind seine Selbstkosten?
Lösung:	Bezugspreis 25.283,20 € + Handlungskosten (18 %) 4.550,98 € Selbstkosten **29.834,18 €**
Problem:	**Berücksichtigung des Gewinnzuschlages:** Ein Kaufmann muss Gewinn machen, sonst lohnt sich sein Einsatz nicht und er verzichtet auf den Umschlag der betreffenden Ware. Also muss auf den Selbstkostenpreis ein Gewinnaufschlag berechnet werden. Dieser richtet sich nach den Erwartungen des Kaufmannes und seiner Konkurrenzsituation. Hat ein Kaufmann wenig oder nur schwache Konkurrenz, so kann er seinen Gewinnzuschlag höher ansetzen als wenn die Konkurrenz zahlreich und stark ist. Auch hier spielen die Erfahrung und die persönlichen Erwartungen eine Rolle.

43.1 Warenhandel – Gewinnzuschlag

Lösungsansatz: Der aus Erfahrung/Erwartungen ermittelte Gewinnzuschlag wird als Prozentsatz auf den Selbstkostenpreis aufgeschlagen.

Aufgabenstellung: Ein Fahrradhändler, der eine Partie von 120 Fahrradrahmen gekauft hat, hat als Selbstkosten für diesen Posten 29.834,18 € ermittelt. Er erwartet, dass er 22 % Gewinnzuschlag realisieren kann. Wie hoch ist der Barverkaufspreis pro Rahmen?

Lösung:

Selbstkosten	29.834,18 €
+ Gewinnzuschlag (20 %)	5.966,84 €
Barverkaufspreis	**35.801,02 €**

Berechnung des Stückpreises:
Barverkaufspreis 35.801,02 : 120 Rahmen = 298,34 €

Problem: **Ermittlung des Listenverkaufspreises:** Beim Verkauf der Waren ist zu berücksichtigen, dass die Käufer in den entsprechenden Sitationen ihrerseits mit Rabatt rechnen und ihnen bei frühzeitiger Zahlung Skonto eingeräumt werden muss.

Listenverkaufspreis 43.2

Lösungsansatz: Auf den Barverkaufspreis sind entsprechende Aufschläge für den Kundenrabatt und den Kundenskonto zu berechnen. Hierbei ist zu berücksichtigen, dass der Kunde die Zahlen des Listen- und Barverkaufspreises gewissermaßen aus einer anderen Richtung sieht als der Händler. Es ist also die Prozentrechnung vom verminderten Wert anzuwenden.

Aufgabenstellung: Ein Fahrradhändler, der für 120 Fahrradrahmen einen Barverkaufspreis von 298, 34 € kalkuliert hat, rechnet damit, dass er seinen Kunden ggf. einen Mengenrabatt von 10 % und Skonto von 3 % einräumen wird. Wie hoch ist sein Listenverkaufspreis pro Rahmen?

Lösung:

Barverkaufspreis pro Stück	298,34 €	insgesamt:	35.801,02 €
+ Kundenrabatt (10 %)	33,15 €		3.977,89 €[1]
Zielverkaufspreis	331,49 €		39.778,91 €
+ Kundenskonto (3 %)	10,25 €		1.230,28 €[1]
Listenverkaufspreis	**341,74 €**		**41.009,19 €**

44.1 Warenhandel – Kundenrabatt

Berechnungsbeispiele:

Kundenrabatt:

$$90\ \% - 298{,}34\ €$$
$$10\ \% - x$$

$$x = \frac{10 \cdot 298{,}34}{90}$$

$$x = \mathbf{33{,}15\ €}$$

$$90\ \% - 35.801{,}02\ €$$
$$10\ \% - x$$

$$x = \frac{10 \cdot 35.801{,}02}{90}$$

$$x = \mathbf{3.977{,}89\ €}$$

Kundenskonto:

$$97\ \% - 331{,}49\ €$$
$$3\ \% - x$$

$$x = \frac{3 \cdot 331{,}49}{97}$$

$$x = \mathbf{10{,}25\ €}$$

$$97\ \% - 39.778{,}91\ €$$
$$3\ \% - x$$

$$x = \frac{3 \cdot 39.778{,}91}{97}$$

$$x = \mathbf{1.230{,}28\ €}$$

Kalkulationsschema 44.2

Übersicht über die gesamte Handelskalkulation

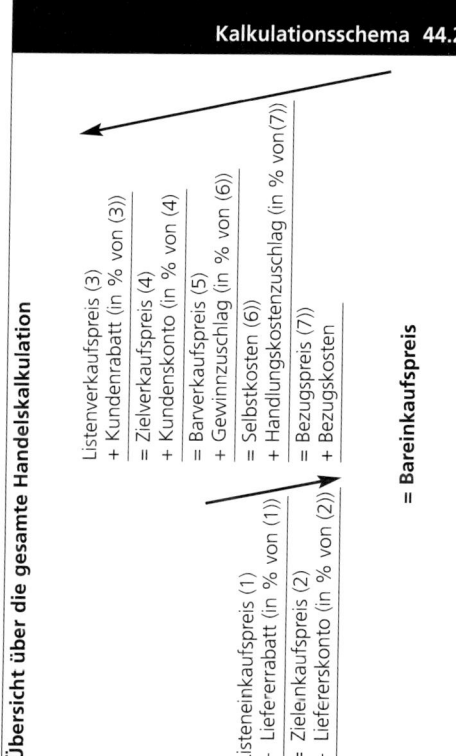

Listenverkaufspreis (3)
+ Kundenrabatt (in % von (3))

= Zielverkaufspreis (4)
+ Kundenskonto (in % von (4))

= Barverkaufspreis (5)
+ Gewinnzuschlag (in % von (6))

= Selbstkosten (6)
+ Handlungskostenzuschlag (in % von (7))

= Bezugspreis (7)
+ Bezugskosten

= Bareinkaufspreis

Listeneinkaufspreis (1)
− Liefererrabatt (in % von (1))

= Zieleinkaufspreis (2)
− Liefererskonto (in % von (2))

45.1 Warenhandel – Kalkulationsschema

Das gleiche Schema in anderer Anordnung:

Listeneinkaufspreis (1)
− Liefererrabatt (in % von (1))
= Zieleinkaufspreis (2)
− Liefererskonto (in % von (2))
= **Bareinkaufspreis** (8)
+ Bezugskosten
= Bezugspreis (7)
+ Handlungskostenzuschlag (in % von (7))
= Selbstkosten (6)
+ Gewinnzuschlag (in % von (6))
= Barverkaufspreis (5)
− Kundenskonto (in % von (4))
= Zielverkaufspreis (4)
+ Kundenrabatt (in % von 3))
= Listenverkaufspreis (3)

Anmerkung: Der Kundenskonto wird vom Barverkaufspreis mit dem verminderten Wertberechnet, ebenso wird der Kundenrabatt vom Zielverkaufspreis mit dem verminderten Wert berechnet.

Problem: Kalkulationszuschlag: Es ist umständlich, für jeden Auftrag den gesamten Gang der Vorwärtskalkulation durchzurechnen. Einfacher ist es, wenn die infrage kommenden Prozentsätze zu einem einzigen zusammengefasst werden. Das geschieht mit dem Kalkulationszuschlag.

Lösungsansatz: Aus dem Einkaufspreis wird mittels eines prozentualen Zuschlages der Verkaufspreis ermittelt.

Aufgaben-stellung: Im obigen Beispiel ist ein Bareinkaufspreis von 176,40 € pro Fahrradrahmen aufgewendet worden (21.168,00 € : 120 Rahmen). Der Listenverkaufspreis wurde mit 341,40 € pro Rahmen ermittelt. Wie groß ist die Differenz zwischen dem Bareinkaufspreis und dem Listenverkaufspreis in v. H. des Bareinkaufspreises?

Lösung: Der Kalkulationszuschlag ergibt sich aus folgender Berechnung nach dem Dreisatz:

46.1 Warenhandel – Kalkulationszuschlag

Unterschied zwischen Listenverkaufspreis und Bareinkaufspreis:

341,74 € – 176,40 € = **165,34 €**

$$176,40 \text{ € } – 100 \text{ %}$$
$$165,34 \text{ € } – \text{ x %}$$

$$x = \frac{165,34 \cdot 100}{176,40} = \textbf{93,7 %}$$

Der Kalkulationszuschlag beträgt also 93,7 %, d. h. auf den Bareinkaufspreis, den der Fahrradhändler aufzuwenden hat, hat er 93,7 % Zuschlag zu berechnen, wenn er seinen Listenverkaufspreis ermitteln will. Er erspart sich durch die Anwendung des Kalkulationszuschlages also die Berechnung in Einzelschritten. Der Kalkulationszuschlag ist auf diejenigen Verkaufsgegenstände anwendbar, die die gleichen kaufmännischen Verhältnisse aufweisen, also ähnliche Handlungskosten und Verkaufskonditionen.

Formel zur Berechnung des Kalkulationszuschlages:

$$\text{Kalkulationszuschlag} = \frac{(\text{Bruttoverkaufspreis - Bezugspreis}) \cdot 100}{\text{Bezugspreis}}$$

Problem: **Kalkulationsfaktor:** Der Kaufmann kann den prozentualen Aufschlag auch als (Multiplikations-)Faktor angeben.

Lösungsansatz: Der Bareinkaufspreis wird als 1 gesetzt und es wird das entsprechende Mehrfache des Zielverkaufspreises gesucht.

Aufgabenstellung: Bareinkaufspreis 176,40 €, Listenverkaufspreis 341,74 €. Wie hoch ist dann der Kalkulationszuschlag?

Lösung: Zur Lösung wird der Dreisatz angewendet:

$$176,40 \ \text{€} - 1$$
$$341,74 \ \text{€} - x$$

$$x = \frac{341,74 \cdot 1}{176,40} = 1,937$$

Formel zur Berechnung des Kalkulationsfaktors:

$$\text{Kalkulationsfaktor} = \frac{\text{Bruttoverkaufspreis}}{\text{Bezugspreis}}$$

47.1 Warenhandel – Handelsspanne

Anmerkung: Für die Arbeit mit Kalkulationszuschlag oder -faktor ist es nicht zwingend, die Differenz zwischen Bareinkaufs- und Listenverkaufspreis zu Grunde zu legen. Welcher Einkaufs- und welcher Verkaufspreis im Einzelfall genommen werden richtet sich nach den Verhältnissen der Praxis.

Handelsspanne: Differenz zwischen Bezugspreis und dem Nettoverkaufspreis in % des Nettoverkaufspreises.

$$\text{Handelsspanne} = \frac{(\text{Nettoverkaufspeis} - \text{Bezugspreis}) \cdot 100}{\text{Nettoverkaufspreis}}$$

Problem: **Rückwärtskalkulation:** Die Konkurrenzsituation erlaubt es häufig nicht, dass ein Kaufmann frei seine Kosten in den Verkaufspreis einkalkuliert. Oft ist er gezwungen, sich der Preisgestaltung anzupassen, die er auf dem Markt vorfindet. Mit der Rückwärtskalkulation kann er feststellen, welchen Einkaufspreis er für eine Ware aufwenden kann, damit der Verkauf für ihn noch in der erforderlichen Weise Gewinn abwirft.

Rückwärtskalkulation 47.2

Lösungsansatz: Ausgehend vom Listenverkaufspreis werden alle Zuschlagssätze angewandt, bis der Einkaufspreis, im folgenden Beispiel der Bareinkaufspreis, ermittelt ist.

Aufgabenstellung: Der Preis für einen Fahrradrahmen bestimmter Qualität beträgt bei gegebener Konkurrenzsituation 350,00 €. Wie viel € kann ein Händler als Bareinkaufspreis aufwenden, der vorgegebene Zuschlagssätze zu berücksichtigen hat?

Lösung:

Listenverkaufspreis	350,00 €	100 %
− Kundenskonto (3 %)	10,50 €	3 %
Zielverkaufspreis	339,50 €	97 %
− Kundenrabatt (10 %)	33,95 €	10 %
Barverkaufspreis	305,55 €	90 %
		120 %
− Gewinnzuschlag (20 %)	50,93 €	20 %
Selbstkosten	254,62 €	100 %
− Handlungskosten (18 %)	38,84 €	118 %
Bezugspreis	215,78 €	18 %
− Bezugskosten	7,83 € (absolute Größe)	100 %
Bareinkaufspreis	**207,95 €** (Preis, der aufgewendet werden kann)	

48.1 Industriekalkulation

Industriekalkulation – Hinweis: Im Rahmen der komprimierten Übersicht über das Kaufmännische Rechnen, wie sie im vorliegenden Band erfolgt, kann es bei einem so komplexen Gebiet wie der Industriekalkulation nur darum gehen, Grundstrukturen aufzuzeigen, die für anstehende Lösungen einen Weg aufzeigen können. Es kann nicht erwartet werden, dass die einzelnen Bereiche und Problemstellungen differenziert erfasst werden. Im Sinne der lexikografischen Anlage dieses Bandes sollen zentrale Begriffe kurz erläutert und ein Überblick über grundsätzliche Ansätze der Industriekalkulation gegeben werden.

Begriffsbestimmungen:

Abgrenzungsrechnung:	Eine Reihe von Ausgaben fällt nicht unmittelbar periodenbezogen an, in der Abgrenzungsrechnung werden diese Kosten den jeweiligen Abrechnungsperioden zugeordnet (z. B. überschneidet die Zahlung von Versicherungsprämien häufig die Grenze zwischen zwei Geschäftsjahren, dann muss die Prämie entsprechend zeitlich abgegrenzt werden).
Kostenartenrechnung:	Kosten des Unternehmens werden nach inhaltlichen Gesichtspunkten sortiert (z. B. Raumkosten, Personalkosten etc.).

Kostenstellen-rechnung:	In der Kostenstellenrechnung werden die verschiedenen Kosten erfasst, die an einem Ort/in einem Leistungsbereich anfallen.
Kostenträger-rechnung:	Hier werden die Kosten der Produktion einer Leistung des Unternehmens (z. B. ein Produkt = Kostenträger) zugeordnet.
Einzelkosten:	Kosten, die einem Produkt/einer Leistung unmittelbar und eindeutig zugeordnet werden können (z. B. Materialkosten).
Gemeinkosten:	Kosten, die nicht einem Produkt/einer Leistung zugeordnet werden können, sondern die für mehrere Produkte anfallen, ohne dass sie differenziert werden könnten (z. B. die Verwaltungskosten).
Ist-Kosten:	Die tatsächlich angefallenen, nachträglich erfassten Kosten.
Soll-Kosten:	Kosten, die vom Unternehmer planerisch z.B. für einen bevorstehenden Auftrag erwartet werden.

49.1 Industriekalkulation

Kalkulatorische Kosten:

Hier handelt es sich um Kosten, die i. d. R. nicht deckungsgleich mit dem Aufwand für den jeweiligen Vorgang sind, z. B.:

- Kalkulatorischer Unternehmerlohn: Die Entlohnung der Arbeitsleistung des Unternehmers einer Personengesellschaft wird kostenrechnerisch erfasst, wenn kein Gehalt gezahlt wird.

- Kalkulatorische Eigenkapitalzinsen: Aufgrund i. d. R. fehlender vertraglich vereinbarter Zinsen für das Eigenkapital wird ein marktüblicher Zinssatz für das Eigenkapital kostenrechnerisch angesetzt.

- Kalkulatorische Wagnisse: Ein Wagniszuschlag z. B. zu den kalkulatorischen Zinsen stellt einen Ausgleich dar für die erhöhten Risiken der Geldanlage im jeweiligen Unternehmen verglichen mit z. B. einer Festgeldanlage.

- Kalkulatorische Abschreibungen: Die steuer-/handelsrechtlich möglichen Abschreibungen entsprechen nicht immer den von den Marktverhältnissen diktierten Erfordernissen für ein Unternehmen; bei Abweichungen (z. B. durch das Erfordernis kürzerer Abschreibungsfristen bedingt durch technischen Fortschritt) muss kostenrechnerisch korrigiert werden.

Problem: Für die Kalkulation eines Auftrages und für die Ermittlung der Gesamtkosten einer Abrechnungsperiode müssen die Kosten nach der Art ihrer Entstehung erfasst werden, es muss ermittelt werden, an welcher Kostenstelle sie entstanden sind und für welchen Kostenträger.

Lösungsansatz: Alle Kosten und Leistungen werden vollständig und periodengerecht erfasst und den Kostenbereichen bzw. Kostenstellen und den Kostenträgern möglichst differenziert zugeordnet. Eine wesentliche Schwierigkeit bedeutet hierbei die Zuordnung der Gemeinkosten, dieses Problem wird i. d. R. über Verteilungsschlüssel gelöst. Die verschiedenen Kostenarten werden im Betriebsabrechnungsbogen (BAB) erfasst, dessen Ergebnis die Grundlage für die Kalkulation weiterer Aufträge bietet. Über den BAB erhält der Kaufmann einerseits eine Kalkulationshilfe in Form der Verteilungsschlüssel für die Gemeinkosten als Instrument der Vorkalkulation neuer Aufträge und andererseits eine Kostenkontrolle, indem nach Abwicklung eines Auftrages die Zahlen des BAB als Kontrolle

50.1 Industriekalkulation

der Kalkulationszuschläge für die Nachkalkulation dienen können. In jedem Falle gehen in die Kalkulation sämtliche Kosten entsprechend den Zuschlagssätzen ein, daher der Name Vollkostenrechnung.

Beispielaufgabe: Am Beispiel eines BAB soll das Grundprinzip der Vollkostenrechnung dargestellt werden. Bei der Aufstellung eines BAB wird üblicherweise von den Kostenstellen Material, Fertigung, Verwaltung und Vertrieb ausgegangen. Sofern die einzelnen Kostenarten über den jeweiligen Verteilungsschlüssel ohne Umwege diesen Kostenstellen zugeordnet werden können, wird der BAB einstufig genannt. Müssen die Kosten von einer oder mehreren Kostenstellen erst addiert und dann auf die genannten Kostenstellen umgelegt werden, spricht man von einem mehrstufigen BAB. Hierzu ein sehr verkürztes Beispiel, verkleinerte Wiedergabe eines BAB auf der folgenden Doppelseite. (Seite 51).

Erläuterungen zur Tabelle (BAB):

Die Beträge der Gemeinkostenarten werden entsprechend einem Verteilungsschlüssel auf die Kostenstellen umgelegt (erste Stufe). Als zweites werden die Kosten der Stromversorgung auf die stromabnehmenden Kostenstellen umgelegt, auch dies nach einem Schlüssel für den Verbrauch. Das Gleiche gilt für die Umlage der Fuhrparkkosten und der Kosten der Fertigungshilfskostenstellen. Dies sind die weiteren Stufen des mehrstufigen BAB. Als Zuschlagsbasis werden geeignete Größen gewählt, i. d. R. z. B. für die Materialkostenstelle die gesamten Materialkosten, für die Fertigungskostenstellen die Fertigungslöhne etc. Der Materialgemeinkostenzuschlagssatz gibt also Auskunft darüber, wie hoch die Materialgemeinkosten in Prozent der Materialkosten sind, der Fertigungsgemeinkostenzuschlagssatz gibt Auskunft darüber, wie hoch die Fertigungsgemeinkosten in Prozent der Fertigungslöhne sind etc. Die Zuschlagssätze des BAB werden genutzt, um bei weiteren Aufträgen die Gemeinkosten sachgerecht mit einkalkulieren zu können (Vorkalkulation). Nach Abwicklung eines Auftrages kann anhand des BAB und seiner Zahlen überprüft werden, ob diese Daten für die Vorkalkulation der Realität entsprochen haben. Bei signifikantem Abweichen wird man für nachfolgende Aufträge die Kalkulationszuschläge entsprechend korrigieren.

51.1 Betriebsabrechnungsbogen

Gemeinkostenarten	Gesamtbetrag	Allgemeine Kostenstelle		Material
		Stromversorgung	Fuhrpark	
Hilfs. u. Betriebsstoffe	20000,00	2000,00	5000,00	500,00
Gehälter	60000,00	1000,00	1500,00	500,00
Büromaterial	20000,00	200,00	300,00	100,00
Summe Gemeinkosten	100000,00	3200,00	6800,00	1100,00
Uml. Stromversorgung			100,00	150,00
Zwischensumme			6900,00	1250,00
Umlage Fuhrpark				900,00
Zwischensumme				2150,00
Umlage Konstruktion				
Zwischensumme				2150,00
Uml. Werkz.-macherei				
Summe Gemeinkosten				2150,00
		Zuschlagsbasis:		20000,00
		Zuschlagsätze:		11 %
		Fertigungsmaterial:	20000,00	
		+ Material Gemeinkosten:	2150,00	
		+ Fertigungslöhne:	13000,00	
		+ Fertigungsgemeinkosten:	25750,00	
		Herstellk. d. Erzeugung:	60900,00	
		– Mehrbestand:	1000,00	
		Herstellk. d. Umsatzes:	59900,00	
		Verw.g.kosten	64100,00	
		Vertr.g.kosten	8000,00	
		Selbstkosten	132000,00	

Betriebsabrechnungsbogen 51.2

Fertigungshilfskostenstellen		Fertigung		Verwaltung	Vertrieb
Konstruktion	Werkz.-Macher	Dreherei	Montage		
50,00	3000,00	4000,00	4000,00		1450,00
3000,00	3500,00	2500,00	500,00	45000,00	2500,00
500,00	200,00	200,00	400,00	18000,00	100,00
3550,00	6700,00	6700,00	4900,00	63000,00	4050,00
100,00	400,00	1200,00	1100,00	100,00	50,00
3650,00	7100,00	7900,00	6000,00	63100,00	4100,00
200,00	100,00	300,00	500,00	1000,00	3900,00
3850,00	7200,00	8200,00	6500,00	64100,00	8000,00
	850,00	1600,00	1400,00		
	8050,00	9800,00	7900,00	64100,00	8000,00
		4000,00	4050,00		
		25750,00		64100,00	8000,00
		13000,00		60900,00	60900,00
		198 %		105 %	13 %

52.1 Industriekalkulation

Problem:	**Zuschlagskalkulation:** Ein Unternehmen erhält eine Anfrage nach seinen Produkten. Das Angebot soll einen Preis enthalten, der die entstehenden Kosten abdeckt und einen angemessenen Gewinn zulässt, aber so niedrig ist, dass die Konkurrenz diesen Preis möglichst nicht unterbieten kann.
Lösungsansatz:	Ausgehend von den Materialkosten und den Fertigungslöhnen als Einzelkosten wird mit Hilfe der Zuschlagssätze des BAB der Abgabepreis kalkuliert.
Aufgabenstellung:	Das Unternehmen kalkuliert auf der Basis der Daten seines BAB einen Auftrag:

Materialkosten: 15.000,00 €
Fertigungslöhne: 65.000,00 €

Materialgemeinkosten: 11 %
Fertigungsgemeinkosten: 198 %
Verwaltungsgemeinkosten: 21 %
Vertriebsgemeinkosten: 3 %

Gewinn wird in Höhe von 10 % der Selbstkosten erwartet.
Zu ermitteln ist der Nettoverkaufspreis.

Zuschlagskalkulation 52.2

Lösung:

Fertigungsmaterial:	15.000,00 €	
Materialgemeinkosten:	1.650,00 €	
(= 11 % der Materialkosten)		
Materialkosten:		16.650,00 €
Fertigungslöhne:	65.000,00 €	
Fertigungsgemeinkosten:	128.700,00 €	
(= 198 % der Fertigungslöhne)		
Fertigungskosten:		193.700,00 €
Herstellkosten der Erzeugung:		210.350,00 €
Verwaltungsgemeinkosten:	44.173,50 €	
(= 21 % der Herstellkosten)		
Vertriebsgemeinkosten:	6.310,50 €	
(= 3 % der Herstellkosten)		
Selbstkosten:		260.834,00 €
Gewinnzuschlag: (10 % der Selbstkosten)		26.083,40 €
Nettoverkaufspreis:		**286.917,40 €**

53.1 Industriekalkulation

Problem:

Teilkostenrechnung: In einigen Situationen ist die Anwendung der Vollkostenrechnung für die Vorkalkulation von Nachteil. Die Einbeziehung sämtlicher Kosten über die Zuschlagssätze in die Vorkalkulation aller Aufträge führt dazu, dass Fixkosten im Verlaufe des Jahres mehrfach abgedeckt werden können, sofern die Aufträge dazu vorhanden sind. Die Fixkosten müssen im Jahresablauf natürlich nur einmal erwirtschaftet werden, sodass unter der Zielsetzung der Gewinnmaximierung auch Aufträge hereingenommen werden können, die über den Erlös scheinbar nicht die gesamten Kosten erbringen sondern nur einen Teil derselben.

Lösungsansatz:

Deckungsbeitragsrechnung: Die Kosten werden unter dem Aspekt der fixen und variablen Kosten unterteilt. Die Fixkosten (ausbringungsunabhängige Kosten) fallen nur einmal im Jahr an und müssen dementsprechend nur einmal im Jahr erwirtschaftet werden. Die variablen Kosten (ausbringungsabhängige Kosten) müssen bei jedem Auftrag erwirtschaftet werden. In der Deckungsbeitragsrechnung wird der Teil des Erlöses, der die variablen Kosten des Auftrages übersteigt, als

Deckungsbeitrag bezeichnet. Der Deckungsbeitrag deckt also die fixen Kosten und den Gewinn ab. Die Aufträge werden in der Reihenfolge der Höhe der Deckungsbeiträge bearbeitet, die Aufträge mit den höchsten Deckungsbeiträgen werden zuerst abgewickelt etc. (Dies gilt natürlich nur innerhalb des Spielraumes, den der Markt lässt.) Zur Kapazitätsauslastung werden dann solange Aufträge hereingenommen, solange sie einen positiven Deckungsbeitrag haben. Unter den Aspekten der Vollkostenrechnung würden einige, nämlich die letzten Aufträge, als nicht kostendeckend abgelehnt, weil in den Zuschlagssätzen der Vollkostenrechnung jeweils die Fixkosten in voller Höhe enthalten sind.

Sofern diese Aufträge zur Kapazitätsauslastung beitragen und einen positiven Deckungsbeitrag aufweisen, werden diese Aufträge bei Zugrundelegung der Deckungsbeitrags-rechnung aber angenommen, weil sie den Gesamtgewinn erhöhen.

54.1 Deckungsbeitragsrechnung

Beispiel: Folgende Daten eines Industriebetriebes für die Kalkulation eines Produktes seien unterstellt:

Fixkosten pro Stück: 300,00 €
Variable Kosten pro Stück: 150,00 €

Deckungsbeitrag = Stückerlös – variable Stückkosten

Bei dieser Kostenstruktur entsteht erst bei einem Preis von über 450,00 € ein Stückgewinn unter dem Gesichtspunkt der Vollkostenrechnung.

Die Deckungsbeitragsrechnung geht davon aus, dass die variablen Kosten pro Stück auf jeden Fall bezahlt werden müssen, sonst lohnt sich die Fertigung nicht und das Unternehmen macht auf jeden Fall Verlust. Jeder Euro über den variablen Kosten pro Stück stellt einen Beitrag zur Deckung der Fixkosten und des Gewinns dar (= Deckungsbeitrag). Wenn zuerst die Aufträge mit den höchsten Deckungsbeiträgen bearbeitet werden, die natürlich über 300,00 € in unserem Beispiel liegen müssen, dann werden im Laufe des Jahres die Fixkosten abgedeckt sein; wenn das der Fall ist, dann erhöht jeder weitere positive Deckungsbeitrag den Gewinn.

Problem:

Terminrechnen (mittlerer Verfalltag): Ein Schuldner hatte für das Begleichen seiner Schuld die Zahlung in mehreren Teilbeträgen vereinbart. Nun verständigt er sich mit dem Gläubiger darüber, dass er die Schuld nicht in Raten sondern in einem Betrag entrichtet. Gesucht wird daraufhin der Zahlungstermin, der – verglichen mit der Teilzahlung – weder für den Gläubiger noch für den Schuldner einen (Zins-)Vorteil bzw. (Zins-)Nachteil darstellt. Dieser Termin wird auch mittlerer Verfalltag genannt. Ein analoges Problem stellt sich z. B. bei monatlich fälligen Gebühren/Steuern, die zu „mittleren" Terminen in größeren Einheiten beglichen werden sollen.

Problem:

Mittlerer Verfalltag bei gleichen Beträgen: Für den Ausgleich einer Schuld war die Bezahlung in zwei gleich hohen Teilbeträgen vereinbart. Schuldner und Gläubiger verständigen sich darüber, dass der Zahlungsmodus so verändert wird, dass der Gesamtbetrag in einer Zahlung erfolgt, wobei ein Zahlungstermin gesucht wird, der weder dem Gläubiger noch dem Schuldner einen Zinsvorteil bietet.

55.1 Terminrechnen

Aufgabenstellung (1):

Ein Rechnungsbetrag von 10.000,00 €, ausgestellt am 25.04., soll in zwei Teilbeträgen von je 5.000,00 € bezahlt werden. Für die erste Rate ist der 28.07. für die zweite Rate der 28.08. der Zahlungstermin. An welchem Tag müssten die 10.000,00 € gezahlt werden, ohne dass dadurch Gläubiger oder Schuldner einen Zinsvorteil hätten? (Bei Zahlung am 28.07 hätte der Gläubiger, bei Zahlung am 28.08. der Schuldner einen Zinsvorteil für einen Monat über den Betrag von 5.000,00 €; der gesuchte Termin muss dazwischen liegen.)

Lösung (1):

Bei gleich hohen Raten sind alleine die Fälligkeitstermine in die Rechnung einzubeziehen. Im Fall von zwei gleich hohen Raten) ist genau die Mitte zwischen beiden Terminen gesucht:

$$\text{Mittlerer Verfalltag (gleiche Teilbeträge)} = \text{Starttermin} + \frac{\text{Anzahl der Tage}}{\text{Anzahl der Raten}}$$

Im konkreten Beispiel:

Mittlerer Verfalltag = 28.07. + $\dfrac{(28.07. - 28.08. =)\ 30\ \text{Tage}}{2}$

= 28.07. + 15 Tage = **13.08.**

Aufgabenstellung (2):

Der Betrag von 10.000,00 € ist ursprünglich in fünf gleichen Teilbeträgen zu entrichten, die am 25.02., 10.03., 20.03., 15.04. und 30.04. fällig sind.

Lösung (2):

Als Starttermin den ersten Fälligkeitstermin wählen, hier 25.02:

1. Teilbetrag: 25.02. = 0 Tage
2. Teilbetrag: 10.03. = 15 Tage
3. Teilbetrag: 20.03. = 25 Tage
4. Teilbetrag :   15.04. = 55 Tage
5. Teilbetrag: 30.04. = 70 Tage   = insgesamt: 165 Tage

Mittlerer Verfalltag = 25.02. + $\dfrac{165}{5}$ Tage = 25.02. + 33 Tage = **28.03.**

56.1 Terminrechnen

Zusammenfassung: Arbeitsschritte bei gleichen Beträgen

1. Starttermin bestimmen (erstes Fälligkeitsdatum)
2. Ermittlung der Zinstage der Teilzahlungen ausgehend vom Starttermin
3. Division der Summe der Zinstage durch die Zahl der Raten
4. Addition des Ergebnisses von 3. zum Starttermin

Problem: Terminrechnen mit ungleich hohen Beträgen: Nicht in jedem Falle sind die Beträge gleich, die für die Berechnung der mittleren Verfalltage zu Grunde zu legen sind. Bei ungleich hohen Teilbeträgen sind neben den Zeiträumen auch die unterschiedlich hohen Beträge zu berücksichtigen.

Lösungsansatz: Als Grundlage greift man in dieser Situation auf die aus der summarischen Zinsrechnung bekannten Zinszahlen (vgl. S. 39.1) zurück. Die Anzahl der Tage für die Berechnung des Zahlungszeitpunktes, der für Schuldner und Gläubiger durch die Zahlung in einem Betrag weder Vorteile noch Nachteile bietet, ergibt sich aus der Formel für die Berechnung der Zinszahlen.

Aufgabenstellung:	Ein Händler hat von seinem Lieferanten in mehreren Partien Ware bezogen, für die die folgenden Beträge und Fälligkeitsdaten bestehen:
	10.000,00 € sind fällig am 23.03.,
	5.000,00 € sind fällig am 25.04.,
	6.000,00 € sind fällig am 20.05. und
	15.000,00 € sind fällig am 21.07.
	Welches Datum ist für diese Rechnungsbeträge der mittlere Verfalltag?
Lösung:	*Die Formel für die Berechnung der Zinszahlen lautet:*

$$\# = \frac{Kapital}{100} \cdot Tage \quad \text{oder umgeformt: } Tage = \frac{\#}{\frac{Kapital}{100}}$$

57.1 Terminrechnen

Davon ausgehend lautet die Formel zur Berechnung des mittleren Verfalltages bei ungleich hohen Beträgen:

$$\text{Mittlerer Verfalltag bei ungleich hohen Beträgen} = \text{Starttermin} + \frac{\text{Summe der Zinszahlen}}{1\,\% \text{ des Gesamtkapitals}}$$

Rechnungsbetrag (€)	Fälligkeit	Anzahl der Tage	#
10.000,00	23.03.	0	–
5.000,00	25.04.	32	1.600
6.000,00	20.05.	57	3.420
15.000,00	21.07.	118	17.700
36.000,00			**22.720**

Mittlerer Verfalltag = 23.03. + $\frac{22.720}{360}$ = 23.03. + 63 = **26.05.**

Zusammenfassung: Arbeitsschritte für die Berechnung des mittleren Verfalltages bei ungleich hohen Beträgen

1. Anordnung der Beträge nach dem Datum der Fälligkeit
2. Festlegen des ersten Fälligkeitsdatums als Starttermin
3. Berechnung der Zinstage bezogen auf den Starttermin
4. Ermittlung der Zinszahlen
5. Addition der Zinszahlen
6. Addition der Beträge
7. Die Summe der Zinszahlen geteilt durch ein Hundertstel des Kapitals addiert zum Starttermin ergibt den mittleren Verfalltag.

Problem:

Berechnung des mittleren Verfalltages bei Sonderzahlungen: Mehrere ungleich hohe Beträge sind zu verschiedenen Zeitpunkten zu bezahlen. Auf den Gesamtbetrag ist eine oder mehrere Anzahlungen geleistet. Gesucht ist der Tag der Zahlung des gesamten Restbetrages, ohne dass Gläubiger oder Schuldner einen (Zins-) Vorteil oder Nachteil haben.

58.1 Terminrechnen

Aufgabenstellung:

Ein Händler hat von seinem Lieferanten in mehreren Partien Ware bezogen, für die die folgenden Beträge und Fälligkeitsdaten bestehen:

10.000,00 € sind fällig am 23.03.,
5.000,00 € sind fällig am 25.04.,
6.000,00 € sind fällig am 20.05. und
15.000,00 € sind fällig am 21.07.

Auf den Gesamtbetrag werden Anzahlungen geleistet:
5.000,00 € am 05.04. und 3.000,00 € am 08.05.

Welches Datum ist für diese Rechnungsbeträge unter Berücksichtigung der Sonderzahlungen der mittlere Verfalltag?

Lösung:

Rechnungsbetrag (€)	Fälligkeit	Anzahl der Tage	#
10.000,00	23.03.	0	–
5.000,00	25.04.	32	600
6.000,00	20.05.	57	3.420
15.000,00	21.07.	118	17.700
36.000,00			22.720

			− 600
− 5.000,00	05.04.	12	− 1.350
− 3.000,00	08.05.	45	**20.770**
28.000,00			

20.770 · 280 = 74 Tage und damit 23.03. + 74 Tage = **07.06.**

Zusammenfassung: Arbeitsschritte für die Berechnung des mittleren Verfalltages bei Sonderzahlungen:

1. Anordnung der Beträge nach dem Datum der Fälligkeit
2. Festlegen des ersten Fälligkeitsdatums als Starttermin
3. Berechnung der Zinstage bezogen auf den Starttermin
4. Ermittlung der Zinszahlen
5. Addition der Zinszahlen
6. Addition der Beträge
7. Ermittlung der Zinszahlen für die Sonderzahlungen
8. Subtraktion der Zinszahlen für die Sonderzahlungen und dieser Beträge
9. Die Restsumme der Zinszahlen geteilt durch ein Hundertstel des Kapitals abzüglich der Sonderzahlungen addiert zum Starttermin ergibt den mittleren Verfalltag.

59.1 Terminrechnen

Formeln zur Terminrechnung (mittlerer Verfalltag)

Mittlerer Verfalltag bei gleichen Teilbeträgen

$$= \text{Starttermin} + \frac{\text{Anzahl der Tage}}{\text{Anzahl der Raten}}$$

Mittlerer Verfalltag bei ungleich hohen Beträgen

$$= \text{Starttermin} + \frac{\text{Summe der Zinszahlen}}{1\,\% \text{ des Gesamtkapitals}}$$

Berechnung des Kurswertes festverzinslicher Wertpapiere

Festverzinsliche Wertpapiere, z. B. Bundesschatzbriefe oder -obligationen, können in festen Stückelungen und oder in beliebigen Beträgen (ab einer Mindestsumme) erworben werden. Die Kurse werden deshalb nicht für Stück, sondern bezogen auf den Nennwert 100 € notiert, was einer Prozentangabe entspricht. Änderungen des Marktzinses bewirken entsprechend gegenläufige Änderungen der Kurse. Ein Kurs von 98 bedeutet, dass das Papier zu einem Wert von 98 % des Nennwertes gehandelt wird, entsprechend bedeutet die Kursangabe 102, dass das Papier zu 102 % des Nennwertes gehandelt wird.

Formel:

$$\text{Kurswert} = \text{Kurs} \cdot \frac{\text{Nennwert}}{100}$$

Aufgabenstellung:

Ein Paket von Bundesobligationen, Zinssatz 5,8 %, im Nennwert von 1.200,00 € wird zu einem Kurs von 98 % gehandelt. Wie hoch ist der Kurswert dieser Papiere?

Lösung:

$$\text{Kurswert} = 98 \cdot 12 = 1.176{,}00 \ €$$

60.1 Wertpapierrechnen

Berechnung des Kurswertes von Aktien

Aktienkurse werden in € pro Stück notiert, wobei die Aktien im Regelfall in Stückelungen zu 5,00 € oder 50,00 € herausgegeben werden. Dieser Wert von 5,00 € bzw. 50,00 € wird auch Nominalwert genannt.

Formel: Kurswert = Kurs · Stückzahl

Aufgabenstellung: Eine Aktie wird an der Börse zu einem Kurs von 1.361,00 € gehandelt. Wie hoch ist der Kurswert von 15 dieser Aktien?

Lösung: Kurswert = 1.361 · 15 = 20.415,00 €

Kauf- bzw. Verkaufsabrechnung unter Berücksichtigung von Gebühren

Problem: Für die Abwicklung des Geschäftes bei Kauf oder Verkauf von Wertpapieren berechnet die Bank fällige Gebühren, und der aktiv werdende Börsenmakler berechnet Courtage.

Aufgabenstellung: Verkauft wurden 15 Stück Aktien: Kurs 1.361, Bankprovision 1 % Provision, Courtage Börsenmakler 1 %.

Lösung:

Kurswert 15 Aktien zum Kurs von 1.361	=	20.415,00 €
- Provision der Bank (1 % des Kurswertes)	=	204,15 €
- Maklercourtage (1 ‰ d. Kurswertes, auf auf 3,05 € zu runden)	=	20,45 €
		20.190,40 €

Bei der Abrechnung dieses Geschäftes für den Käufer würden die Provision der Bank und die Maklercourtage dem Kurswert zugeschlagen und nicht von ihm abgezogen.

Problem:

Berechnung des ausmachenden Betrages bei festverzinslichen Wertpapieren: Bei Kauf oder Verkauf von festverzinslichen Wertpapieren fallen Bankprovision und Maklercourtage in ähnlicher Weise an wie bei Aktiengeschäften. Bei der Abwicklung stellt die Abrechnung der Zinsansprüche ein zusätzliches Problem dar, weil weder Käufer noch Verkäufer durch den abgelaufenen Verzinsungszeitraum einen Vorteil oder einen Nachteil haben sollen. Die umseitige Skizze macht dies deutlich.

Erster Zinstag:
1. Januar

[Zinsanspruch des Verkäufers]

Tag des Kaufs der festverzinslichen Wertpapiere

[Zinsanspruch des Käufers]

Letzter Zinstag:
30.Juni

Lösungsansatz: Üblicherweise werden festverzinsliche Wertpapiere halbjährlich verzinst (von Jan. bis Juni und Juli bis Dez. – gekennzeichnet durch J/J) oder von April bis Sept. und Okt. bis März – gekennzeichnet durch A/O). Der Käufer eines Papieres J/J hat den Kurswert plus den Zinsbetrag für den Zeitraum zwischen der letzten Zinszahlung und dem Kaufdatum, abzüglich Provision und Courtage. Der Wert, der sich aus Kurswert und Korrektur durch Berücksichtigung der Zinsen ergibt, wird ausmachender Betrag genannt. Provision und Courtage werden auf den ausmachenden Betrag bezogen.

Aufgabenstellung: Festverzinsliche Wertpapiere mit Nennwert 1.200,00 € sollen bei einem Kurs von 98 % verkauft werden; Zinssatz 5,8 %,

0,5 % Provision, 0,75 ‰ Maklercourtage. Zinstermine sind Januar und Juli, Verkaufstag ist der 15. März.

Wie hoch ist der ausmachende Betrag und welcher Betrag wird dem Verkäufer gutgeschrieben?

Lösung:

Kurswert = 98 · 12 = 1.176,00 €

Zinsberechnung:
Verkaufstag ist der 15.03., d. h. der Käufer erhält mit der nächsten Zinszahlung auch den Zins für den Zeitraum 01.01. bis 15.03. also für 75 Tage für den Nennwert 1.20€,00 € bei einem Zinssatz von 5,8 %.

$$z = \frac{\text{Kapital} \cdot \text{Prozentsatz} \cdot \text{Tage}}{100 \cdot 360} = \frac{1.200 \cdot 5,8 \cdot 75}{100 \cdot 360} = 14,50 \text{ €}$$

ausmachender Betrag (1.176,00 € + 14,50 €) = **1.190,50 €**

− Provision (0,5 % von 1.190,50 €) = 5,95 €

− Courtage (0,75 ‰ von 1.190,50 €, auf 0,05 € gerundet) = 0,90 €

Gutschrift für den Verkäufer	**1.183,65 €**

62.1 Personalkostenberechnung

Problem: Personalkostenberechnung: Ein Arbeitgeber hat für die Auszahlung der Gehälter an seine Mitarbeiter und Mitarbeiterinnen eine Reihe von Abzügen an verschiedene Institutionen zu berücksichtigen. Diese und die Ermittlung des unmittelbaren Teils der Personalnebenkosten sind zu berechnen.

Lösungsansatz: Zusätzlich zum Bruttogehalt ist eine Aufstellung aller üblichen Abzüge vom Gehalt erforderlich und zusätzlich die Aufstellung der damit zusammenhängenden Arbeitgeberanteile zur Sozialversicherung.

Hinweis: Ein Teil der Probleme in diesem Zusammenhang kann hier nur angerissen werden, weil diese in stärkerem Maße in die Betriebswirtschaftslehre einzuordnen sind und weniger in das Kaufmännische Rechnen. Hierzu gehören z. B. die Probleme der Steuerklassen und der Steuertabelle. Ferner ändern sich immer wieder aktuell konkrete Prozentsätze (z.B. Sozialversicherungen, Solidaritätszuschlag), sodass das nachfolgende Beispiel nur exemplarischen Charakter haben kann.

Personalkostenberechnung 62.2

Aufgabenstellung:

Ein Mitarbeiter erhält ein monatliches Gehalt in Höhe von 2.500,00 €. Das Unternehmen trägt als Arbeitgeberbeitrag zur vermögenswirksamen Leistung 52,00 €, die monatliche Sparrate des Arbeitnehmers beträgt 78,00 €, die Beitragssätze zur gesetzlichen Sozialversicherung sind:

Rentenversicherung 20,3 %, Krankenversicherung (unterschiedlich nach Krankenversicherung, hier) 14,2 %, Arbeitslosenversicherung 6,5 %, Pflegeversicherung 1,7 %. Der Mitarbeiter ist Mitglied der katholischen Kirche.

Zu ermitteln sind der Nettobetrag für den Arbeitnehmer und die Personalkosten, die der Arbeitgeber für diesen Mitarbeiter zu tragen hat.

Lösung:

Zunächst sind die Lohn- und Kirchensteuer sowie der Solidaritätszuschlag zu ermitteln. Die Lohnsteuer (hier Steuerklasse I) ergibt sich aus der Lohnsteuertabelle mit 460,00 €. Die Kirchensteuer sei mit 9 % unterstellt (nach Bundesländern unterschiedlich; Grundlage: Lohnsteuer). Der Solidaritätszuschlag beträgt z. Z. 7,5 % der Lohnsteuer.

63.1 Personalkostenberechnung

Für die Sozialversicherungsbeiträge ist zu berücksichtigen, dass der Arbeitnehmer die eine Hälfte, der Arbeitgeber die andere Hälfte trägt.

Gehalt	2.500,00 €
AG Beitrag zur vermögenswirksamen Leistung	52,00 €
Gehalt brutto	**2.552,00 €**

Abzüge (Berechnungsgrundlage ist das Gehaltsbrutto):

Lohnsteuer	460,00 €
Kirchensteuer	41,40 €
Solidaritätszuschlag	34,50 €
Rentenversicherung	259,02 €
Krankenversicherung	181,19 €
Arbeitslosenversicherung	82,94 €
Pflegeversicherung	21,69 €
Vermögenswirksame Leistung	78,00 €
Summe der Abzüge	1.158,74 €

Gehalt netto (ausbezahlt) **1393,26 €**

Der Arbeitgeber hat folgende Personalkosten zu tragen:

Gehalt brutto	2.552,00 €
+ Arbeitgeberbeitrag zurgesetzlichen Sozialversicherung	544,84 €
Personalkosten insgesamt:	**3.096,84 €**

Genau genommen sind das noch nicht alle Personalkosten für diesen Arbeitnehmer. Es kommt auf jeden Fall noch der Beitrag zur gesetzlichen Unfallversicherung hinzu, der für das Unternehmen insgesamt zu entrichten ist und sich nach der Größe des Unternehmens und seiner Gefahrenklasse richtet.

Weiter kommen zu den Personalkosten die betrieblichen Sozialleistungen hinzu (so leisten z. B. einige Unternehmen Beiträge zu einer zusätzlichen Altersvorsorge, einige stellen Kindergartenplätze zur Verfügung, unterhalten Sportanlagen oder bieten ein Kulturprogramm für ihre Mitarbeiter an).

Im Rahmen der betrieblichen Kalkulation müssen ferner die Kosten für Personalbeschaffung, -verwaltung und -entwicklung (Fortbildung) in die Rechnung einbezogen werden.

64.1 Stichwortverzeichnis

Fachwissen kompakt

hält griffbereit, was man zum Nachschlagen in Aus- und Fortbildung braucht. Für das moderne Büro:

Günter Henkes
Grundbegriffe von A–Z: **Bürokommunikation**
ISBN 3-464-49754-2

Ablage, ..., Browser, ..., Cityruf, ..., Datenschutz, ..., Faxabruf, ..., ISDN, ..., Local Area Network, ..., Mobiles Büro, ..., Prüfziffer, ..., Systemsoftware, ..., Übertragungsrate, ..., Zahlungsverkehr über Online... das ist nur eine kleine Auswahl dessen, was in diesem Band knapp, praxisbezogen und mit konkreten Anwendertipps erklärt wird.

Erhältlich im Buchhandel. Nähere Informationen auf Wunsch vom Verlag.
Cornelsen Verlag • Vertrieb Fachbuch • Postfach 33 01 09 • D-14171 Berlin